华章程序员书库

Learn Raspberry Pi Programming with Python

Second Edition

Python树莓派编程

（原书第2版）

［美］ 沃尔弗拉姆·多纳特（Wolfram Donat） 著

黄凯 刘爱娣 徐鑫 祝建 译

机械工业出版社
China Machine Press

图书在版编目（CIP）数据

Python 树莓派编程：原书第 2 版 /（美）沃尔弗拉姆·多纳特（Wolfram Donat）著；黄凯
等译 . -- 北京：机械工业出版社，2022.1
（华章程序员书库）
书名原文：Learn Raspberry Pi Programming with Python, Second Edition
ISBN 978-7-111-69596-7

I. ① P… II. ① 沃… ② 黄… III. ① 软件工具 - 程序设计 IV. ① TP311.561

中国版本图书馆 CIP 数据核字 (2021) 第 234526 号

本书版权登记号：图字 01-2018-8095

Python 树莓派编程（原书第 2 版）

出版发行：机械工业出版社（北京市西城区百万庄大街 22 号　邮政编码：100037）

责任编辑：王春华　　刘　锋　　　　　　　　责任校对：殷　虹

印　　刷：中国电影出版社印刷厂　　　　　　版　　次：2022 年 1 月第 1 版第 1 次印刷

开　　本：186mm×240mm　1/16　　　　　　印　　张：17

书　　号：ISBN 978-7-111-69596-7　　　　　定　　价：89.00 元

客服电话：（010）88361066　88379833　68326294　　　投稿热线：（010）88379604

华章网站：www.hzbook.com　　　　　　　　　　　读者信箱：hzjsj@hzbook.com

版权所有·侵权必究
封底无防伪标均为盗版

本书法律顾问：北京大成律师事务所　韩光 / 邹晓东

很难相信从我写这本书的第 1 版到现在已经过去了四年。2014 年，市面上有了树莓派的一个版本，当时的主板动力相对不足，只有单核 ARM 处理器和 20 个 GPIO 引脚。我很高兴能订购我的第一个树莓派，但实际上我必须先进入等待名单才能赶上第二批发货。

每当你想要改变时，就会有人推出一款单板电脑（SBC），它试图吸引树莓派的主要业余爱好者和创客的关注，那些人正准备从 Arduino 升级为更强大的工具。

树莓派在竞争中胜出，并得以蓬勃发展。现在有七种树莓派模型：1 型、2 型、2B 型、3 型、3B 型、Zero 型和 Zero W 型。与原始模型相比，3 型树莓派更强大，它的四核架构使其可以执行像计算机视觉和机器学习这样的任务。与原始模型的频率 700MHz 相比，3 型的频率高达 1.5GHz。同时，Zero 型和 Zero W 型的价位很低（分别为 5 美元和 10 美元），读者经常会问我：为什么要用 Arduino 呢？树莓派 Zero 更便宜！

现在树莓派已经不是唯一选择了。根据你的预算，有相当多的 SBC 可以用于你想到的项目，从 30 美元的 BeagleBoard 到 550 美元的 NVidia Jetson TX2。不过我还是喜欢树莓派，它是我第一次开始玩嵌入式计算机时所使用的主板。它还很便宜，所以当它被弄坏时（我已经弄坏过很多个了），至少我可以在不破产的情况下替换它，并且它仍然足以应付很多事情。

感谢你和我一起读这本新版书。如果你是我上一版书的粉丝，谢谢你长期以来的支持。如果你是一个新读者和一个新的树莓派使用者，非常欢迎你的加入！

我希望用剩余的篇幅向你介绍一个令人兴奋的项目和一个计算的新世界。

引　言 *Introduction*

　　在 2006 年，当 Eben Upton 和其他树莓派基金会的创办人看到大学计算机专业学生的编程状况时，他们感到无比沮丧。在美国，计算机专业的编程课程被缩减为" CS 101：如何使用 Word 程序"和" CS 203：优化你的 Facebook 主页"。他们意识到，在上大学之前，很少有人学习了如何编程。因此，他们酝酿了一个计划——打造一种小型、廉价的计算机，使孩子们可以更加方便地学习编程，就如同昔日的 Amiga、Spectrum 和 Commodore 64 一样。随后，他们便开发了一块以 ARM 处理器为核心的开发板，配有 512MB 内存以及具有视频处理功能的 GPU，并集成了 USB 键盘、鼠标、HDMI 输出端口等接口。为了使其更易于编程，他们将 Python——一种强大且易学的脚本语言——设定为其主要的编程语言。这样，树莓派就诞生了。

　　多年以前，我在 Commodore VIC20 上用 BASIC 语言编写了我的第一个程序。当时的计算机内存只有 5KB，比如今很多微处理器的计算能力都要弱，但我仍编写出了一个很有趣的游戏，并利用盒式磁带保存了程序的进度。在之后的几年里，我先后使用过不同的计算平台，从 Windows 3.1 到 Macintosh OS 8，再到我选择的 Linux 系统。然而，树莓派的出现为陈旧的计算环境注入了一股新的气息，我为之激动不已。一方面是因为它具有小巧而便宜的特点，另一方面则是因为它易于与外界进行交互——这对于那些对设计和构建物理系统感兴趣的人而言是一种福音。所以当我听到它的发售消息之后，就同亿万个爱好者、工程师一样，立即下了订单并迫切期盼收到它。之后，我便开始用它构建一些东西，并从此一发不可收拾了。

　　如果你买了树莓派但不知道如何使用，那么本书正适合你阅读。

如果你买了树莓派但不确定用它做什么，那么本书也适合你阅读。

如果你正犹豫是否要买树莓派，并思索着"它有什么好处？"或"为什么不买一台 Arduino？"那毫无疑问，本书更适合你阅读。

这不是一本关于 Python 语言的教材，也不是一本详细探索树莓派的图书，而是以一种轻松的方式向你介绍这款微型计算机的指南。我希望你读完本书后，在进行创新的同时也能对树莓派所能做的一切有清晰的认识。

你可以按照书中的顺序完成各种项目，也可以自由选择一些自己感兴趣的项目。在实践的过程中，我希望你能熟悉 Python 语言、Linux 系统和树莓派（它们能让你走得更远），创建自己的项目，或许你还能帮助其他同样对此感兴趣的人。总之，我希望你会喜欢本书及书中的项目。写这本书真的是一种非凡的体验！我希望看到你们的项目，你们可以通过出版商联系我。

好好享受这本书吧！

致　谢 *Acknowledgement*

尽管写一本书可能是一个人的工作，但绝对少不了别人的帮助。很多人都为本书做出了大量贡献，在此，我向他们致以最诚挚的谢意。感谢 Rebecca 和 Reed，他们一如既往的支持是无价的。感谢 Oliver 和 Chloe，他们保证了各种事情可以顺利进行。感谢 Smudge 给予的情感支持。感谢 Doofus 和 Pericles 对我的监督。没有他们，这本书是无法完成的。

沃尔弗拉姆·多纳特（Wolfram Donat）是一位作家、发明家，也是一名经验丰富的计算机工程师。他毕业于阿拉斯加大学计算机工程专业，一直致力于计算机和电子产品的研究。他始终坚信三件事：如果一件事值得做，就值得努力做到最好；一切事物都需要一个自毁按钮；电子手表确实是个不错的发明。他目前和妻子、儿子一起住在南加州，还有一个小动物园。

关于技术审校 *About the Technical Reviewer*

马西莫·纳多内（Massimo Nardone）在安全、Web/ 移动开发、云和 IT 架构领域有超过 24 年的经验，但他真正热爱的是安全和 Android 领域。

20 多年来，他一直致力于编程以及教授如何使用 Android、Perl、PHP、Java、VB、Python、C/ C++ 和 MySQL 编程。

他拥有意大利萨勒诺大学计算机科学硕士学位，担任过项目经理、软件工程师、研究员、首席安全架构师、信息安全经理、PCI/SCADA 审计员以及高级 IT 安全 / 云 /SCADA 架构师。

他的技术领域包括安全、Android、云、Java、MySQL、Drupal、Cobol、Perl、Web/ 移动开发、MongoDB、D3、Joomla、Couchbase、C/C++、WebGL、Python、Pro Rails、Django CMS、Jekyll 以及 Scratch 等。

他还曾在赫尔辛基理工大学网络实验室担任客座讲师和练习导师，并拥有四项国际专利（PKI、SIP、SAML 和 Proxy 领域）。

他目前是 Cargotec Oyj 公司的首席信息安全官（CISO），并且是 ISACA 芬兰分会董事会成员。

Contents 目　　录

第 1 章　*Chapter 1*

树莓派介绍

如果你现在有一台树莓派迷你计算机，你会用它来做什么呢？或许它是一份礼物。也许你听说过树莓派，然后决定找出所有让你兴奋的原因。也许你之前使用过计算机，但并不熟悉 Linux 或 Python。也许你是一名 Linux 极客，从来没做过伺服系统或通过几行代码点亮一个 LED，或者正确安装过软硬件。也许你只会用计算机查收电子邮件和上网，但又渴望了解更多。也许你是一个教育者（我最喜欢的场景之一），对教下一代计算机、编程和一般技术感兴趣。

无论是何原因，欢迎你的到来！你即将加入我们的大家庭——无须其他，你只需花费 35 美元（树莓派 3 的价格）以及你创造力的火花，便可成为我们的一员。尽管如此，它依然由学生、教师、爱好者、艺术家和工程师组成。作为大家庭的一员，你将会和所有想听你分享经验的人们讨论你对软件包管理器、ARM 处理器或是 .config 文件的一些见解。你将会熟悉关于舵机、LED 灯、板载摄像头的内容。最重要的是，你可以与微型计算机进行通信，用任何一门编程语言（本书主要使用 Python 语言）进行编程、构建项目、在树莓派上实现这些项目，这样树莓派便可与真实世界进行交互，并做出一些非常酷的东西。

通过本书，我将引导你进入树莓派的俱乐部。在这里，你之前的经验并不重要，因为我将一步步带着你对树莓派进行配置，这样你就可以轻松地使用它了。我会尽量将 Linux 的环境介绍得详细透彻，以便让你理解屏幕背后所发生的一切。同时我会用一个完整的章节来介绍 Python 语言，这是很多科技公司，例如 Facebook、Google，甚至 NASA 热衷使用的一款强大的脚本语言。我还打算介绍构建电子项目的一些基本常识，这是一些在技术或编程书籍中仅作简单介绍，甚至被完全忽略的部分。在构建好项目的同时，还有一些安全因素需要考虑（例如，我曾经因为将电池短接而引起一次小型爆炸）。你还会学到如何焊出一个好的焊点，如何避免被 X-ACTO 刀划伤手指，以及怎样区别 $40\,\Omega$ 和 $40\mathrm{k}\,\Omega$ 的电阻。

当然，如果你已经熟悉了以上这些事情，那么可以跳过前面的介绍，直接进入后面关于项目的部分。书中所有的项目都是用 Python 语言编写的，并且它们都可以在一个周末左右搭建完成，我会尽量把费用控制在合理的范围内。在每一个章节开端，我会为你准备一份购物清单，以及买到这些部件的地址，之后便直入主题。这些项目彼此之间并无依赖关系，也没有特定的顺序，尽管从第一个项目到最后一个项目的复杂性确实会有所增加。

那树莓派可以用来完成什么样的项目呢？一个更好的问题或许应该是什么样的项目不能用树莓派来完成。它的应用范围很广，从网络服务器到车载电脑（carputer），到集群计算嵌入式视觉设备，再到数控控制器，这个清单还在增加。我希望当你读完本书之后，不仅可以发现一些新奇的想法，学到一些技术，最主要的是通过所学到的知识将你的想法变为现实。

无论你为何选择本书，你的主要目的就是快乐地学习并且学到一些东西！我会尽我所能去帮助你。

1.1 树莓派的历史

在一些读者看来，树莓派的确是很新颖的东西，还有许多人甚至完全不知道树莓派是什么。即使是现在，在第一台树莓派问世多年后，大量的在线文章都会以"树莓派是一个小型的、信用卡大小的计算机，爱好者可以用其……"作为开始。这与 Arduino 形成了鲜明的对比。当人们谈及 Arduino 时，即便大多数人不知道 Arduino 是什么或是做什么用的，但至少听说过它。因为早在 2005 年，Arduino 就在全球范围内的爱好者、极客和喜爱 DIY 的人中赢得了很好的口碑。

Arduino

Arduino 是一个微控制器平台，有多种不同的外形尺寸，安装在可以轻松插入绝大多数计算机的 USB 端口的 PCB 上。这使得用户可以通过类似 C 语言的编程语言对板上的 Atmega 芯片进行编程，以实现各种需求。这种程序称为 Sketch。一个典型的 Arduino Sketch 程序如下所示：

```
#include <Servo.h>

void setup()
{
    myservo.attach(9);
}
void loop()
{
    myservo.write(95);
    delay(1000);
    myservo.write(150);
    delay(1000);
}
```

以上代码的作用是控制一个和 Arduino 相连的舵机（一个可以通过软件精确控制转动角度的小型电动机）持续进行前后转动，每次转动间隔 1 秒。

在计算能力方面，尽管不像树莓派那样强大，但 Arduino 也可以完成很多事情。因为它是一个微控制器，而不是一台计算机，所以比较它们有点像比较斑马和鳄梨。我们将在第 14 章对 Arduino 和树莓派如何相互完善进行更深入的介绍。

就像我说的，树莓派已经存在了几年，现在有几种不同的型号，每隔一年就会发布一个新的改进版本。

树莓派的创始人 Eben Upton、Rob Mullins、Jack Lang 和 Alan Mycroft 在 2006 年首次提出了将廉价 PC 机用于教学的想法。在剑桥大学的时候，他们就意识到：随着像 Commodore 64、Amiga 和 Spectrum 这种廉价的个人计算机逐步退出市场，取而代之的是价格高达数百美元或数千美元的台式机和笔记本电脑，儿童和青少年无法随意地在这种家庭主要的电子产品上练习编程，而这一定会严重影响年轻人的编程能力。

与此同时，这些创始人们意识到当前许多大学的计算机科学课程已经被缩减到"Microsoft Word 101"和"如何使用 HTML 创建网页"了。这四位创始人希望帮助新生提高编程技能，这样，或许以后计算机科学和工程类的课程会变得更加有意义，并适用于现实世界中的科学技术领域。

显然，为实现以上目的，需要一台更便宜的计算机。为此他们尝试过微控制器、各种芯片、电路板、PCB 板（如图 1-1 所示）等，但直到 2008 年，这个想法才得以实现。随着移动设备的爆炸式发展，芯片变得越来越小，越来越便宜，性能也更加强大。这些芯片使他们能够设计一种支持多媒体的设备，而不仅仅是命令行编程，他们认为做到这一点对吸引所有年龄段的学生很重要。年轻人似乎更喜欢具备媒体功能的设备，因此也就更有可能尝试在此设备上进行编程。

图 1-1　Eben Upton 于 2006 年设计的树莓派原型（图片来自树莓派基金会）

2008 年，这四位创始人与 Pete Lomas 和 David Braben 一起创立了树莓派基金会，三年后，该基金会成为第一个大规模生产树莓派的生产线。

> **注意**　树莓派（Raspberry Pi）这个名字的设定同早期将微机根据水果命名一样，如早期的苹果（Apple）和橘子（Tangerine）。而派（Pi）则来源于 Python 这个脚本语言，它一直是"派"设计中不可或缺的一部分。

一年内，基金会卖出了 100 多万台设备。基金会成员多次表示他们对这种爆炸式的热情感到十分震惊。他们最初的目的仅仅是推出一种廉价的、可编程的设备，使教育工作者和学生获益，显然现在这个目的已经达成了。不仅如此，现在的成果比最初设想的要好得多。很明显，教育工作者和学生并不是唯一希望拥有廉价可编程设备的一类人，世界各地的爱好者（包括你在内），连同 element14、Premier Farnell 和 RS Electronics 都迫切需要订单，以至于那些预订了树莓派的人不得不等待半年的时间，随后产量才满足需求量（截至本文撰写时，最新的派模型之一——Zero W，仍然只能为每个客户提供一个）。许多消费者现在或之前都是程序员，他们渴望使用新的、体积小、性能强的计算机。比如我自己，我第一次学习用 BASIC 编程，是在一台仅有 5KB 内存的计算机 Commodore VIC-20 上进行的。

除了教育之外，树莓派还有无数其他用途，正如它在树莓派基金会的"关于我们"（About Us）的页面上所说的那样：

> 我们已经收到来自教育界极大的热情、支持和帮助。在看到来自机构的大量咨询时，我们十分激动，而当人们对设备的使用目的与我们的初衷相差甚远时，我们又感到有些羞愧。在发展中国家，由于部分地区的电力部门无法为传统的桌面 PC 设备提供所需的功率和硬件设备，因此它们对树莓派很感兴趣。医院和博物馆已经联系我们，希望树莓派能够支持显示设备。一些重度残疾的孩子的父母也跟我们联系，谈论关于监控和无障碍应用的事情。与此同时，似乎还有数以百万的人正拿着电烙铁准备制作机器人呢。

幸运的是，在大多数情况下，供应及时满足了需求。现在买树莓派便无须等待了，除了 Zero W，每位用户也不再限购了。这里有数不清的"帽子"（适合售后又具有各种功能的附加板）可供选择，还有一个板载摄像头和一个官方触摸屏显示器，可直接插入树莓派的端口。创始人还积极鼓励其他公司模仿他们的模式，这可能是目前小型单板计算机数量增加的主要原因。

1.2 探索树莓派

现在只写一个小节就想详尽地说明树莓派内置部件和设计是不可能的，因为有许多不同的设计可用。所以，我将通过仅介绍如下三个最新版本来控制这一小节的篇幅。这三个版本分别是树莓派 3、Zero 和 Zero W。碰巧，Zero 和 Zero W 有几乎相同的设置，所以我们只需要描述其中一个。所有这些主板的价格都不高。树莓派 3 的售价约为 35 美元，Zero 约为 5 美元，Zero W 为 10 美元。2018 年 3 月 14 日，又称为"派日"，树莓派基金会发布了树莓派 3，即 3B+。这个较新的版本提供了一些对原来的版本 3 的升级，包括双频段 Wi-Fi，一个稍快的 CPU（1.4GHz）和以太网供电（PoE）功能。这个版本的尺寸外形几乎与原始版本 3 相同，它的升级不会影响本书中的任何项目，所以，我不会再提到这一点。

多年来树莓派的大小没有改变。经测量，树莓派 3 与树莓派 1 具有相同的尺寸：85.6mm × 56mm × 21mm。Zero 和 Zero W 稍微小一点：30mm × 65mm × 3.5mm（因为没有 USB 和以太网端口，所以厚度差别很大）。最新的树莓派要重一点——45g，原来的是 31g。但幸运的是，当你试图把新的树莓派应用到你的旧案例和项目设计中时，重量并不是被考虑的因素。

请看图 1-2，我将带你从 GPIO 引脚开始，顺时针浏览一下树莓派 3 的电路板。

图 1-2　树莓派 3

1.2.1　GPIO 引脚

正如你在图 1-2 中所看到的，在电路板的小空间里塞满了很多东西。你可以看到，从树莓派的早期版本到当前模型的最大改进之一是：从 26 个通用输入输出端口（General Purpose Input Output，GPIO）引脚增加到了 40 个。这些引脚允许你对树莓派进行一定的物理扩展，从 LED 灯、伺服电动机到电机控制器和扩展板（通常被称为"帽子"）。对于普通的台式机或笔记本电脑来说，与这样的物理设备进行连接几乎是不可能的，因为串行端口在较新的设备上几乎消失了，并且不是每个人都能够为 USB 端口编写低级设备驱动程序。然而，树莓派带有预安装的库，允许你使用 Python、C 或 C++ 访问引脚，并且如果你不喜欢预安装的官方版本，还可以选择一些附加库（例如，PiGPIO 和 ServoBlaster）。

1.2.2　USB 和以太网端口

接下来我们看到的是外部边缘的两对 USB 端口和以太网端口。它们都连接到 LAN9514 芯片（位于 USB 端口的左侧），该芯片支持 USB 2.0 和 10/100 以太网连接。和其他派一样，该芯片充当 USB 到以太网的适配器，这样板载以太网就可以工作了。

1.2.3　音频插孔

电路板上 3.5mm 的音频插孔可与任何标准耳机适配使用。HDMI 声音通过 HDMI 接口传送（如果有的话）。声音输出也可以通过 I²S 实现。I²S 超出了本书的范围，它是一个串行接口标准，用于连接数字音频设备。

1.2.4　摄像机插口

主板上的摄像机插口允许你将官方的树莓派摄像机板（如图 1-3 所示）或 NoIR（红外线）摄像机板连接到树莓派。

图 1-3　树莓派摄像机板

1.2.5　HDMI 接口

摄像机板接口后面是树莓派的高清多媒体接口（High Definition Multimedia Interface，HDMI）。许多树莓派迷认为，这就是树莓派一开始就与众不同的地方，因为它总是能够显示高清图像。新版本的树莓派中有一个博通公司的板载 VideoCore IV GPU，频率达 400MHz，使它能以高达 60fps 的速度输出全高清视频。它能支持蓝光级别的视频播放，支持 OpenGL 和 OpenVG 库的芯片，尽管没有支持 H.265 视频编码标准的硬件，但因 GPU 运行速度足够快，它可以在软件中解码 H.265。

1.2.6　电源

继续顺时针方向看，我们来到 micro-USB 电源输入端口。与之前版本的树莓派类似，你可以使用标准手机充电器为树莓派充电，但要确保它至少能提供 2A 的电源。树莓派 3 本身可能不会使用那么大的电流，但如果四个设备插入四个 USB 端口，那它肯定会用到。

你也可以用电池为树莓派供电（我倾向于使用铝电池），但警告一句：树莓派没有板载的电源稳压器！如果你习惯使用 Arduino，你就会知道即便电源输出 9V 电压，也是安全的。但如果你用树莓派来尝试，那么你会看到一股神奇的烟雾，然后你就需要重新购买一个新的树莓派了。我将在用到移动树莓派时介绍电源稳压器的内容。

1.2.7　显示器

主板顶部的最后一个连接器是 DSI 显示连接器，用于连接官方树莓派的 7 寸触摸屏显示器。这款显示器于 2015 年上市，最终满足了树莓派爱好者的需求，他们需要一种简单的方式来与树莓派连接，而不必随身携带一个巨大的显示器和键盘。如果你没有显示器或不需要触摸屏接口，你仍然可以使用普通的 HDMI 显示器、USB 键盘和鼠标。

1.2.8　片上系统

整个树莓派中最重要的部分是中间的黑色芯片，也称为 SoC 或片上系统。树莓派的芯片采用的是博通公司的 PCM2837 处理器，带有 1.2GHz ARM Cortex A53 四核集群。它甚至比最近的树莓派都有了巨大进步，其中多线程处理得到了很大改进。不幸的是，这个新芯片的功率要大得多。如果你正在寻找低功耗，最好选择老款，或者选择 Zero 或 Zero W。

1.2.9　SD 卡

最后，在电路板的底部是 microSD 卡插槽。树莓派中最节省空间的特性就是它没有像台式机中硬盘一样的设备。SD 卡的作用类似于固态硬盘（SSD）。这种存储大小的因素在树莓派版本过程中有所不同。当前版本只采用 microSD 卡，没有弹簧加载。需要使用至少 4GB 的卡才能正常启动 Raspbian（树莓派的首选操作系统），如果要在树莓派上工作，建议使用 8GB 的卡。现在我已经能够在树莓派上使用高达 64GB 的卡，但是可能会因卡的制造商不同而出现不同的结果。如果担心数据降级或引导失败，请使用名牌卡。

1.2.10　不可见的部分

有一点在树莓派 3 的主板上看不到，那就是它内置的 Wi-Fi 和低功耗蓝牙（Bluetooth Low Energy，BLE）功能。这些是由博通公司 BCM43438 芯片提供的，该芯片提供 2.4GHz 802.11n 无线局域网、低功耗蓝牙和蓝牙经典 4.1 无线电支持。对我来说，这是对原来的派的巨大改进，因为我不再需要购买和配置 USB Wi-Fi 转换器并同时失去 USB 端口，而蓝牙兼容性在构建物联网（IoT）应用程序时会提供巨大的便利。

1.3　树莓派 Zero/Zero W

对于树莓派 3 的设置，本书中介绍得相当详尽。但如果没有介绍树莓派的小兄弟们——树莓派 Zero 和 Zero W（如图 1-4 所示）的话，那么这本书就不算完整。树莓派 Zero 是在 2015 年 11 月引入的，Zero W 是在稍后引入的。Zero W 基本上和 Zero 型号一样，只不过内置了无线网络。

图 1-4　树莓派 Zero W

我们快速看一看 Zero W 提供的所有功能。

1.3.1　GPIO

你可能会注意到的第一件事是 Zero W 缺少接插件。为了降低成本——因为你只需为 Zero 支付 5 美元，为 Zero W 支付 10 美元——树莓派基金会决定用户必须自己在接插件上进行焊接。这将花销很小，因为它仍然拥有 40 个引脚，而且与全尺寸的树莓派相同。

1.3.2　摄像机插口

顺时针查看电路板，你会找到树莓派的摄像机板。主要的不同之处在于 Zero 的连接器比树莓派 3 上的连接器要小得多。Zero 仍然使用相同的摄像机板，但电缆连接不同。如果你打算让你自己的树莓派摄像机与 Zero 一起使用，一定要购买一根适配的电缆，大多数卖树莓派配件的地方都能买到。

1.3.3　电源

在主板的底部，你会看到两个 micro-USB 接口。第一个在摄像机接口旁边，是用来充电的，就像较大的树莓派一样。一个标准的手机充电器应该会很好，因为 Zero 不需要太大电流。和树莓派 3 一样，它没有稳压器，所以你要确保提供给它的电压只有 5V。

1.3.4　USB 接口

电源 micro-USB 接口旁边是 micro-USB 端口。要在 Zero 中使用多个外围设备，需要购买一个 micro-to-standard USB 集线器。如果你打算使用耗电设备，比如网络摄像头，你就需要一个带电集线器，因为 Zero 没有足够的电力供应。

1.3.5　HDMI 接口

继续顺时针看，在 micro-USB 端口之后是迷你 HDMI 端口，显然你需要一个迷你 HDMI 适配器。Zero 不像较大的树莓派那样有一个单独的 GPU，但是它通过这个端口仍然可以输出 1080p 的数据。

1.3.6　SD 卡

顺时针方向上最后一个端口是 microSD 卡槽。像更大的树莓派一样，你至少需要一个 4GB 的卡才能在 Zero 上做任何有价值的事情，我建议你使用 8GB 或者更大的卡。

1.3.7　片上系统

主板中央的黑色芯片是博通公司的 PCM2835 处理器，带有运行频率为 1GHz 的 ARM11 处理器。如果这些规格听起来很熟悉的话，那么你应该知道，这和原来的树莓派芯片一样，只是运行速度快了一点。价格已经降了一些，它能够被放置在像 Zero 一样的较低功率的主板上。

1.3.8 不可见的部分

与树莓派 3 一样，Zero W 中内置 2.4GHz 804.11n 局域网、低功耗蓝牙和经典蓝牙 4.1 功能。无线电芯片和树莓派 3 上的一样，但天线有点不同，我想可以快速查看一下。如果你仔细观察 USB 输出和 miniHDMI 接口之间的电路板边缘，你会看到一个小三角形。这个三角形切入了 PCB 的各个层面，是一个共振腔，大小刚好与 Wi-Fi 无线电波相互作用。这是个巧妙的想法，可以让 Zero 尺寸又小，价格又便宜。

Zero 和 Zero W 都是令人难以置信的廉价设备，如果你打算用树莓派工作，建议你选一个或多个。因为就价格而言，它们真的是太值了。

1.4 树莓派与相似设备之间的对比

你可能会问，是什么使得树莓派比 Arduino、Beagleboard，或其他微型计算机更具优势呢？事实上，树莓派的表现不一定有多优秀。每一种设备都具有其自身的特点，并在特定领域发挥着作用，因此很难对它们进行比较，尤其是与 Arduino 这样的微控制器进行比较。Arduino 在创建一些简单的项目方面十分方便，控制简单的机器人也很灵活。在许多场合，如果将 Arduino 可以做的事情用树莓派来完成，多少有些大材小用。至于其他微型计算机，它们之间最主要的差距是价格。同树莓派价格最为接近的是 Beagleboard，但是这块板的建议价格超过了 75 美元，比树莓派高出很多。此外，购买树莓派意味着你正在支持慈善机构的公益活动：将廉价的计算机送至世界各地的孩子们手中。

1.5 树莓派入门

我想你应该同意，如果你的树莓派没拆封，现在是时候把它从盒子里拿出来了，但在开始之前，请继续读完本章的内容。

1.6　树莓派的硬件需求

在开始之前，让我们简单看一看启动树莓派的要求，然后启动它。与 Zero 相比，本书的大部分内容更适合树莓派 3。如果有明显的差异，比如在功率需求方面，我一定会提到的。

1.6.1　通电

我之前已经提到电源的事情了，树莓派工作在 5V 电压的环境下，不能高也不能低。再一次强调：树莓派没有板载的稳压器。你不能为其提供一个 9V 电池或壁式电源适配器，还指望它能正常工作。你可以使用输出 5V 电压的手机充电器，也可以从线上商店或购买树莓派的地方买到一款合适的适配器。电源应该至少输出 1.5A 电流，最好是 2A。如果没有合适的电源，你就要为树莓派的一些古怪行为做好准备，比如鼠标和键盘不能工作，甚至完全不能启动。

1.6.2　添加显示器

下一件你需要准备的（或者说至少在最开始启动树莓派时你需要的外围设备）是显示器，HDMI 或 DVI 接口的都可以。如果你仅有一台 DVI 接口的输入设备，也没有太大影响，因为现如今 HDMI-DVI 转换器也十分常见。一旦你将这些硬件条件都准备好了，并安装了必要的软件，那么接下来你便可以配置树莓派了。这也就意味着你可以通过安全外壳协议（Secure Shell，SSH）或虚拟网络计算机（Virtual Network Computing，VNC）客户端，从另一台计算机上登录树莓派。但首先，你需要一台显示器，这样你才能看到正在进行的任务。

1.6.3　添加 USB 集线器

有时候你可能需要一个 USB 集线器，尽管树莓派 3 上有四个 USB 端口。如果你使用的是 Zero，那你肯定需要一个，至少一开始是这样。当你添加一个集线器时，性能可能会有所下降，因为树莓派上一些 USB 集线器的表现会比其他设备更好。可能最主要的原因在于集线器是外部供电的。这也就意味着树莓派不需要为集线器上连接的设备供电。无论在何种情况下，一旦你不确定手中的集线器是否兼容树莓派，而且也没有其他集线器可用，最好的解决方法是去树莓派论坛（`http://www.raspberrypi.org/phpBB3`）上查找答案。这里像你一样的用户已经尝试了千百种不同品牌的集线器，并且将他们所用的适配器是否正常工作，或是需要一些调整的信息都汇聚在一起。幸运的是，集线器相对而言并不是很贵，如果你手中的集线器无法正常工作，你可以在论坛中找到一款更合适的。

我在 Zero 上使用的是 MakerSpot 迷你 USB 集线器（如图 1-5 所示）。

图 1-5　MakerSpot 迷你 USB 集线器

然而，关于集线器，你需要参考我刚才说的步骤购买，而不是照着我的做法重复一遍，因为我买的这款并不是外部供电的集线器。我之所以买这款集线器，是因为它不会由于电力不足而让我的 Zero 产生怪异行为，我在使用这款集线器时并未发现任何问题，我需要它做的事情它都可以办到。

现在你已经为树莓派配备了所有必要的外部部件，你可以开始设置它了。

1.7　树莓派操作系统

树莓派默认的操作系统（Operating System，OS）是 Linux 操作系统。树莓派 3 可以运行物联网版本的 Windows 10，但设置起来有点麻烦。根据我的经验，树莓派在 Linux 下运行得更好。如果你不熟悉 Linux 操作系统，没有关系，我们会在第 2 章进行简单介绍。目前来看，Linux 有几种版本：Ubuntu（最流行的版本之一）、Debian、Mint、Red Hat、Fedora，以及其他一些小众版本。而树莓派所采用的是 Debian 的一种，确切地说，叫 Raspbian。

树莓派并没有硬盘结构，因此你必须将系统镜像下载并复制到 SD 卡中。树莓派会通过镜像启动，而且镜像也会充当树莓派的内存。基本上大于 4GB 的 SD 卡都可以，但如果你想要安装一些额外的软件，则超过 8GB 的卡是首选（是的，你最后会这么做的）。正如我之前提到过的，我们最大测试过 64GB 的 SD 卡，一旦超过 64GB，结果就不好说了。而且我们建议你购买名牌存储卡，传输速度至少要达到 class 4。

1.7.1　格式化 SD 卡

你需要做的第一步就是格式化 SD 卡，这样树莓派就可以识别它了。将 SD 卡插入你的计算机或者使用内置的 SD 卡读卡器或 USB 适配器，并按照如下步骤去做：

❑ 对于 Windows 用户：从 SD 存储卡协会（SD Association，SDA）下载格式化工具程序（`https://www.sdcard.org/downloads/formatter_4/eula_windows/`）。根据默认设置安装好后启动，在工具选项（Options）菜单中将"FORMAT SIZE ADJUSTMENT"选项设置为"ON"，确认你选择的是想要格式化的 SD 卡，之后点击"Format"开始格式化。

❑ 对于 Mac 用户：下载 Mac 版本的格式化工具（`https://www.sdcard.org/downloads/formatter_4/eula_mac/`）。双击下载的 .pkg 文件，并根据默认设置进行安装。安装成功后，选择"Overwrite Format"选项，确认你选择的是想要格式化的 SD 卡，之后点击"Format"开始格式化。

1.7.2　安装操作系统

现在，SD 卡已经成功格式化了，你可以将操作系统复制到 SD 卡上。大多数用户可以采用树莓派基金会提供的 NOOBS（New Out Of Box Software）工具进行此操作，NOOBS 下载链接为 `http://www.raspberrypi.org/downloads`。不过，如果你愿意的话，可以直接下载 Raspbian 镜像文件本身。甚至还有一个 Raspbian Lite 操作系统，它的内存占用要小得多，非常适合像 Zero 和 Zero W 这样的小系统。NOOBS 系统在第一次启动时会提供两种可安装的 XBMC（Xbox Media Center）

版本：Pidora 和 Raspbian。根据本书的目的及以下几章的内容，我们选择安装 Raspbian 系统。

下载所选操作系统（NOOBS 为 1.3GB，Raspbian 为 1.7GB）后，将其解压缩（Windows 用户右击并选择"解压全部"，Mac 用户直接双击）。之后将解压缩的文件全部复制到 SD 卡中即可。

接下来，树莓派便可以准备启动了。

1.8 连接外围设备

准备好连接那些奇妙的部件了吗？先别着急，我的朋友。在连接之前还要注意顺序。尽管听起来有些奇怪，但供电、连接显示器和其他部件的顺序出错，有可能（即便不太可能）引起电压异常并烧毁你的主板。所以，请按照以下顺序准备好你的东西，每完成一步做一个标记，这样可以避免你遇到麻烦。顺序如下：

1）插入 SD 卡。

2）连接显示器。

3）连接 USB 外围设备（键盘、鼠标、集线器等）。

4）连接网线。

5）通电。

事实上，最关键的步骤是最后再通电。其他的顺序你可能会弄混，但连接电源一定是最后的操作。

由于没有开关，因此通电时 LED 灯便会亮起。你会在显示器上看到一个彩色的画面（如图 1-6 所示）。

图 1-6 树莓派启动屏幕

该屏幕实际上是由 Pi 的固件在初始化板载 GPU 时生成的。GPU 在屏幕上绘制四个像素，然后对它们进行放大，形成多色正方形。你应该只看到它一小会儿，接着是一个文本滚动列表，Pi 继续其引导过程。

1.9　配置树莓派

当用 NOOBS 配置好的 SD 卡第一次启动树莓派时，你会看到一个含有 6 个选项的选项框：Archlinux、OpenELEC、Pidora、RISC OS、RaspBMC 和 Raspbian（这些选择可能会因你阅读本书的时间不同而有所变化）。通过鼠标选择 Raspbian，单击界面左侧的"Install OS"按钮。当弹出确认框时，选择"Yes"，之后便等待镜像写入 SD 卡中。在等待的同时，进度条会弹出一些使用技巧，你可以好好阅读一下。如果你刚刚下载了 Raspbian 镜像，树莓派应该会自动引导到桌面（如图 1-7 所示）。

图 1-7　树莓派的默认桌面

树莓派启动后，在桌面上你首先应该访问的是软件配置工具，也称为 raspi-config。也可以通过在终端（要启动终端，请单击菜单栏中的终端图标）输入以下命令实现访问：

```
$ sudo raspi-config
```

这个工具允许你改变配置，比如扩展文件系统，启用 SSH 和摄像头，设置树莓派的语言环境。最重要的一个，可以从本地化选项子菜单中访问，因为树莓派默认区域设置（以及相关的键盘布局）位于英国，这意味着如果你在美国，第一次按 Shift-2，希望输入"@"符号，但显示的却是双引号（"），这会让你感到不愉快。

要浏览 raspi-config 工具（如图 1-8 所示），可以通过光标选择需要更改的选项，按 Tab 键切换，再按 Enter 键激活你的选项。切记要打开摄像机功能，因为之后你可能会用到它。SSH 访问和 VNC 功能都可以在接口选项子菜单中找到。我还将启用 I^{2}C、SPI 和 Serial，因为它们很方便，以后会用到。根据你的喜好进行设置即可，记住，在这个阶段你不会真的毁坏任何硬件设备。如果你错误地设置了 SD 卡，使其无法继续使用，那么使用 SDCard 工具将其格式化，之后再次复制 NOOBS 系统即可。系统又能正常运行了。相信你之后会更加谨慎地对待这些硬件设备。但我要告诉你如何备份你的 SD 卡，以便在你做错事的时候不会丢失一些设置。

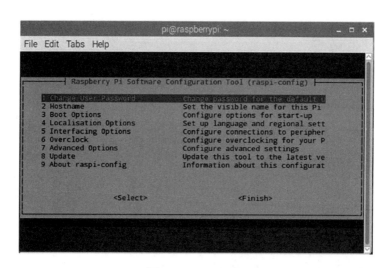

图 1-8 raspi-config

完成 raspi-config 的设置后，选择"Finish"并按 Enter 键。

现在你的树莓派就进入工作状态了。恭喜你，现在可以稍微放松一下了！但也要做一些准备，你的下一项任务是确保一切都是最新的。大多数 Linux 发行版本都会定期发布更新，Raspbian 也不例外。现在是个更新重要软件的好机会，同样也可能是更新内核的好机会。从树莓派基金会发布供下载的 NOOBS 或 Raspbian 镜像文件到今天，很有可能已经对软件和内核进行了几次重要的升级。

要更新树莓派，请确保已插入以太网电缆并启动了终端（单击终端图标或同时按下 Ctrl-Alt-T 键），你可以输入以下命令：

```
$ sudo apt-get update
```

之后你会看到树莓派逐步输出最新的软件信息，当其结束时，"$"提示符会返回，这时，输入以下命令：

```
$ sudo apt-get upgrade
```

之后屏幕上的文字会再一次滚动。如果有新的软件正等待下载，树莓派会提示是否需要下载并安装。这时按下 Enter 键即可进行安装（默认选项）。安装结束时会再次返回"$"提示符，此时，软件应该都是最新的版本。至于是否需要重启，取决于你更新的内容。如果需要的话就重启。这样做，你就会了解最新的情况。

> 注意　当我提示你在终端中输入文本时，你会看到"$"字符，实际上不用输入美元符号，它是因使用的 shell 环境而在终端中出现的提示。

1.10　关闭树莓派

在讨论如何使用 Linux 之前，让我们先谈谈树莓派如何关机。事实上，你并不需要关闭树莓派。这是一款低功耗的设备，而且设计者希望你一直让它保持运行状态。当然，你可以将其关机，或许是出于节约用电或其他原因，我建议你使用完之后将其关闭。其实树莓派并没有"关闭"按钮，当初设计的关机方式是直接拔掉电源线，而且不会发生什么意外（假设你已经保存了你的工作，没有卷入什么事情等）。但拔电源这种关闭方式会使得大多数电子器件寿命缩短。因此我教你正确的关机方法。打开一个终端，在光标处输入：

```
$ sudo shutdown now
```

这条命令会让处理器进入正确的关机流程，停止正在运行的进程，关闭线程或其他任务。当其结束时，你就可以安全地拔掉树莓派的电源了。

如果你想从终端重启，可以输入以下命令：

```
$ sudo shutdown -r now
```

树莓派将会重新启动。

1.11 总结

现在你已经大致了解了树莓派，包括如何安装操作系统，如何更新等。你也了解了 raspi-config 工具，并且熟悉了命令行界面（CLI），是时候深入了解一下 Linux 了。

第 2 章　*Chapter 2*

轻松掌握 Linux

　　树莓派标准的操作系统是 Linux 操作系统，这就意味着如果你不了解这个系统的话，还是要学习一下。但是不用担心，我会尽量让学习变得相对轻松。

　　无论你对 Linux 有何耳闻，你都可以忽略它们。自发布至今，Linux 一直被视作"极客们的操作系统"，与此相关的画面是，身穿短袖纽扣衬衫的白领在键盘上敲打，屏幕上充斥着文本，而在地下室深处的某个地方，一排磁带驱动的电脑硬盘驱动器旋转起来（如图 2-1 所示）。在此背景下，一个 20 面骰子滚过桌子，一个温柔的声音低语着："不，Han 先开枪！"

　　即便如此，也不必害怕。尽管我们大多数人都真心接受了那段历史并明白它们的意义，但这并不意味着你也需要如此。自问世以来，Linux 经历了一段很艰难的岁月，但它现在不仅在操作系统中占有一席之地，而且用户界面也十分友好（至少大多数发行版本的界面如此）。如今非常流行的两个 Linux 版本是 Ubuntu 和 Mint。它们看起来分别像 Windows 和 Mac，因此用户使用起来并不困难。另一个十分流行的版本是 Debian，树莓派的 Raspbian 正是基于此版本。最初，Debian 是 Linux 发行版本中唯一一个真正做到"开源"的版本——它允许开发者和用户对其进行修改，而且至今它依然是最大的非商业化的 Linux 发行版本。

　　为了更好地使用树莓派，你至少需要了解 Linux 及其工作原理。现在让我们开始吧。

图 2-1　Linux 用户的游乐园（© 2006 Marcin Wichary）

Linux 的故事

Linux 是一个自由开源的类 UNIX 操作系统。该系统由 Linus Torvalds 在 1991 年首次发布。整个系统由 C 语言编写而成。Linux 最初是作为 Intel X86 架构计算机的一个操作系统，在此后的 20 多年内，它已经被移植到任何一个可设想到的设备上，从大型机、超级计算机，到平板电脑、电视冰箱和视频游戏控制台等，无处不在。Android 系统也是基于 Linux 内核构建的，内核是构建操作系统的代码块。

同大多计算机软件一样，Linux 也不是凭空产生的。这要归功于如 UNIX、BSD、GNU 和 MINIX 这类操作系统或内核。实际上，Torvalds 曾说过，如果在 20 世纪 90 年代初期 GNU 内核已经完成或 BSD 开源的话，他很可能就不会自己写内核了。他根据 MINIX 构造 Linux 的内核，并且添加了很多 GNU 的软件应用程序。他还在 Linux 中使用了 GNU GPL 协议，这意味着只要遵循类似的协议发布，代码便可以改写并复用。

在接下来的几年内，无论是在用户接受程度还是设备方面，Linux 都得到迅速普及。正如先前提到采用 Linux 系统的设备很多一样，Linux 是世界上使用非常广泛的操作系统。

2.1　开始使用树莓派上的 Linux

在同树莓派交互的过程中，你要经常使用终端进行操作，终端也叫作命令行界面（Command-Line Interface，CLI）。当你进入树莓派图形化界面后，双击终端图标便可开启。因为你已经登录，所以打开终端时不会再次要求你输入用户名和密码。它显示的内容如下：

```
pi@raspberrypi:~ $
```

这便是命令行界面（如图 2-2 所示）。这表明了你已经在"raspberrypi"上以用户"pi"的身份登录，而且正处于主目录下（"~"是终端中"home"的简写）。

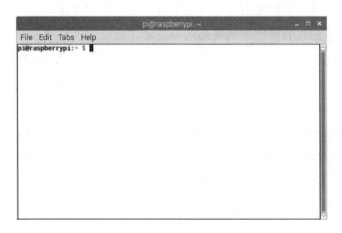

图 2-2　树莓派终端

如果你处在另一个目录中，提示符将显示该目录，例如：

```
pi@raspberrypi:~/Pictures $
```

2.1.1　Linux 文件和文件系统

作为一个操作系统，Linux 完全是基于文件和文件系统建立的。任何信息都以文件的形式存储（文字、图像、视频或其他），这些都是通过文件名和地址定义的。地址，也称为路径（directory path），使得每个文件与其他文件不同，因为地址也是文件名的一部分。例如：

```
/wdonat/Desktop/MyFiles/file.txt
```

与

```
/wdonat/Desktop/MyOtherFiles/file.txt
```

是两个文件。

文件名也是区分大小写的，这意味着 /file.txt 和 /FILE.txt 是不同的，同样二者与 /File.txt 也是不一样的。你将了解如下 5 种文件类别：

- ❑ 用户数据文件：包含你创建的一些信息，如文档或者图片。
- ❑ 系统数据文件：包含系统使用的信息，如用户信息、密码等。
- ❑ 目录文件：也称为文件夹（folder），包含文件或其他目录，被包含的目录也称为子目录，子目录的深度没有限制，根据你的设置而定。
- ❑ 特殊文件：代表操作系统使用的一些硬件设备或占位符。
- ❑ 可执行文件：一些包含操作系统识别命令的程序或 shell 脚本文件。

整个 Linux 文件系统只包含一个根文件夹，用 / 表示。根目录之下有很多子目录，如 bin/、home/、proc/、var/ 和 dev/。每一个目录又有自己的子目录。实际上，如果用三维视角看待整个文件系统，它看起来就像一棵倒置的巨大的树。/home/ 文件夹是默认的主文件夹，在 Linux（或 UNIX）上每一个用户都有这样一个主文件夹。在该文件夹下，你可以随意创建、执行或删除文件。如果你需要对系统文件进行编辑或删除操作的话，需要以 root 身份登录，或者在待执行命令前加 sudo 命令。

2.1.2 Root 用户与 sudo

在每个 Linux 系统中，都有一个特定的 root 用户，该用户可以监管系统内所有的文件，当然也包括系统级别的文件。例如，大多数用户账户都无法编辑 /var/ 目录下的文件，但 root 用户可以。由于 root 用户有这样强大的权力以及滥用的可能（即便是误用），因此，如果没有特殊情况，Linux 用户不会以 root 身份登录。当以 root 身份登录时，他们处理一些必须处理的事情，处理完之后再退出 root 身份。在 Linux 极客间有这样一句话："只有菜鸟才会以 root 身份登录。"换言之，只有新手才会一直以 root 身份登录。

有一种使用 root 身份登录系统的快捷方式：sudo。sudo 表示"**super user do**"，

这句话的作用就是简单告诉系统作为 root 用户执行命令。系统会要求输入 root 用户的密码并执行命令。因为系统不会二次确认你是否真的要以 root 身份执行，所以当你使用 sudo 时，在按下 Enter 键之前一定要明确即将操作的命令的结果。

2.1.3　命令

为了灵活地使用 Linux 命令行，你需要在切换文件系统时使用如 cd 和 1s 这样的命令。运行程序的命令也是在控制台输入的。表 2-1 中列出了一些你会用到的比较基础的，以及应该学会的命令。

表 2-1　常用的 Linux 命令

命　令	意　义
ls	列出当前目录下的文件
cd	改变目录
pwd	输出当前目录
rm *filename*	删除 filename 文件
mkdir *directoryname*	新建名为 directoryname 的目录
rmdir *directoryname*	删除空目录
cat *textfile*	在终端显示 textfile 的内容
mv *oldfile newfile*	将 oldfile 文件移动（重命名）到 newfile 处
cp *oldfile newfile*	将 oldfile 文件复制到 newfile 处
man *command*	显示 command 的帮助信息
date	读取系统的日期 / 时间
echo	显示在终端输入的内容
grep	使用正则表达式查询程序
sudo	以 root 权限执行
./program	运行 program
exit	退出终端

表 2-1 中列出的命令大都易于理解，但仍有一些需要解释一下。

❑ man：这条命令无疑是最重要的命令。如果你不确定一条命令的作用是什么，或者它使用了什么选项 / 参数，在终端输入 man command，你将在弹出的 UNIX 帮助手册中得到你想要的信息。在弹出的页面内，最先显示的通常是命令的名称，接着是它的各种排列的摘要、命令的细节描述、所涉及的选项和参数，以及它们的作用。当你浏览帮助手册时，按 Enter 键翻页，按 Q 键返回到终端页面。

❑ ls：这条命令列出了你当前所在目录的文件信息，可以使用 -l 和 -a 这样的参数列出类似于文件权限和修改日期等信息。当使用 -l 参数时，显示的文件内容的第一部分如下：

drwxr-xr-x

这表示该文件是一个目录文件 (d)，其所属的用户拥有读、写和执行文件 (rwx) 的权力，同组的用户拥有读和执行 (r-x) 的权力，所有用户都拥有读和执行 (r-x) 的权力。在使用树莓派时，我们通常都是文件的所有者，因此文件权限不会产生什么影响。但有时，当你需要将一个文件设置为可执行时，你会用到 chmod 这个命令，我们会在第 7 章对此进行介绍。ls 命令也有一些很有用的参数。ls -F 列出了当前目录下的文件，但在目录文件后面会多一个 "/" 符号。ls -a 列出所有文件，包括隐藏文件（隐藏文件是指那些以 . 或 .. 开始的文件，用 ls 命令查看文件时这些文件并不显示）。

❑ cd 路径名称：就像你想的那样，这条命令会将当前目录转到你指定的目录下。有一些特殊的目录，如 cd~，会转到 home 目录（"~"或者波浪形，都表示 home 目录），cd ../ 会转到当前文件夹的上级目录。换言之，如果你在 ~/Desktop/MyFiles 这个目录下，输入

cd ../

你将转到 ~/Desktop 目录，输入

cd ../../

你将转到 home 目录中 (~/)，输入

cd ../MyOtherFiles/

你将离开 MyFiles 目录，并转到 MyOtherFiles 目录中。

 提示 如果直接输入 cd 并按 Enter 键，无论你在什么目录下，你都会回到 home 目录中。

❏ pwd：这是一个你需要了解的不错的命令。当你不知道当前目录时，pwd 会告诉你所在的位置，会从根目录开始给出当前的路径。当你在目录中 4 或 5 层深度而且还有一些重名的文件夹时，会十分有帮助，例如：

/Users/wdonat/Desktop/MyApplication/bin/samples/Linux/bin/

当你处于以上的位置时，终端显示的信息仅仅是

pi@raspberrypi: /bin $

这时，这条命令就发挥作用了。

❏ rm：使用 rm 命令就像将文件拖入回收站一样，但有一点不同，就是无论出于何种目的，该删除操作无法撤销，因此要考虑清楚！

❏ mkdir 和 rmdir：mkdir 和 rmdir 命令用于创建和删除文件夹。使用 rmdir 命令时需要注意，要删除的文件夹必须是空文件夹，不然操作系统不会允许你删除它。你也可以在 rmdir 命令后加 -p 参数，这意味着你将删除一个文件夹（必须是空文件夹）及其父文件夹，例如，当你输入 rmdir -p /foo/bar/this_directory，系统将会删除 this_directory/、bar/ 和 foo/ 这三个文件夹。

❏ mv 和 cp：简单地说，mv 和 cp 命令可能需要你花一些时间来熟悉一下。mv 命令除了移动文件外，有时也代表重命名一个文件。如输入 mv myfile.txt myfile2.txt，会将 myfile.txt 文件重命名为 myfile2.txt。

在 mv 命令结构中，通过明确目录的深度，可以将文件从一个文件夹移动到另一个。例如，我在 MyFiles 文件夹下有一个名为 myfile.txt 的文件。我可以通过以下命令移动并重命名该文件（从文件夹中），如输入：

mv myfile.txt ../MyOtherFiles/myfile2.txt

这样，myfile.txt 将会从当前文件夹下移出，移动到 MyOtherFiles 文件夹内，并重命名为 myfile2.txt。

cp 命令和 mv 命令类似，但它是复制文件而不是移动重命名文件，因此源文件不会改变。同样，你可以根据明确的目录深度，使用 cp 命令跨文件夹复制文件。例如输入：

```
cp myfile.txt ../myfile.txt
```

即将 myfile.txt 复制到目录下（假设你仍在 Desktop/MyFiles/ 目录内）。

❑ cat：使用 cat 命令是浏览文件最快速的方法，比如文本文件，无须用编辑器打开便可浏览。输入 cat 和文件名，终端上便会显示出文件的内容，即使这个文件不是文本文件（如果试着对一个图像使用 cat 命令的话，你会看到一堆乱码）。如果想要逐行浏览而不是全文浏览，可以使用 more 命令——或者使用 less 命令。这条命令首先会将整个屏幕填满第一批文字，之后每按下 Enter 键会显示余下的文字，一次一行。

❑ date：输入 date 命令（不加参数）会在终端上输出系统日期和时间。如果加上一些参数，你可以按照你的格式设置日期和时间。

❑ echo：这条命令仅仅是将你输入的内容回显到终端内。这在终端操作时并不是十分常用的命令，但当你编写 shell 脚本时（预先准备好一系列命令，并在终端内运行），就与一般计算机程序语言的 print 功能类似。

❑ grep：尽管 man 命令也许是命令中最重要的一个，但 grep 命令可能是功能最强大的。它是一个可以搜索文件或目录的搜索程序。它将你输入的正则表达式作为搜索的条件，并在"管道"另一端将搜索到的内容输出到屏幕或其他文件中。正是由于可以识别正则表达式，因此它的功能十分强大。如果你不太熟悉，我们在这里解释一下，正则表达式是构成检索模式的一组字符，而且这串字符通常看起来像一门外语。例如：

```
grep ^a.ple fruitlist.txt
```

这条语句将在 fruitlist.txt 中逐行搜索以" a"开始，以" ple"结束，两者之间仅含有一个字符的单词，并将结果输出到屏幕上。使用" |"或管道（pipe），可以将结果输出到不同的地方，如将结果输出至文本文件中。grep 的强大和复杂程度足以用几章来说明，但是现在，我们仅仅知道它的存在即可。

❑ ./Program：这条命令可以轻松运行一个可执行文件。但记住，这仅当文件在当前用户下有可执行权限且可被执行时才会起作用，如果用户不具备相应权限或者文件根本不可执行，则会提示错误。

❑ exit：最后一个重要的命令是 exit，它将结束终端内执行的任何一个任务（也称作 shell），并且关闭终端。

2.1.4　练习：在 Linux 文件系统内进行导航

在接下来的练习中，我们将使用命令行在 Linux 的文件系统中进行切换。首先，双击树莓派桌面菜单栏上的终端图标（如图 2-3 所示），打开一个终端控制台（命令行控制台）。

图 2-3　终端图标

打开之后，输入以下内容转到 home 目录：

cd ~

之后输入：

pwd

终端应该输出：

/home/pi

现在，我们新建一个目录，输入：

mkdir mydirectory

我们先不进入该目录，而是在其内部新建一个子目录，输入：

mkdir mydirectory/mysubdirectory

现在如果输入 ls，你将在输出内容中看到 mydirectory 这个目录。现在输入：

cd mydirectory/mysubdirectory

你便进入了刚刚创建的子目录。

现在，让我们测试一下 echo 命令。输入：

echo "Hello, world!"

之后终端便会显示：

```
Hello, world!
```

它的功能和名称一样，echo 只回显你输入的参数。默认的情况是将其回显到屏幕上，当然你也可以将其输出为其他格式。例如，你可以创建一个文本文件，利用 echo 和 ">" 操作符进行操作，输入：

```
echo "This is my first text file" > file.txt
```

如果你通过 ls 命令列出当前目录内的内容，会看到 file.txt 已经被列出。输入：

```
cat file.txt
```

你应该会看到如下内容：

```
This is my first text file
```

接下来，创建另一个名为 file2.txt 的文本文件，输入：

```
echo "This is another file" > file2.txt
```

将你的第一个文件重命名为 file1.txt，输入：

```
mv file.txt file1.txt
```

如果现在列出当前目录下的内容，你会看到 file1.txt 和 file2.txt。你可以对每个文件执行 cat 命令，以确保它们都是你创建的文件。

现在，让我们将 file1.txt 复制到上一级目录中。输入：

```
cp file1.txt ../file1.txt
```

如果你现在想知道 home 目录下的内容，输入：

```
ls ../../
```

这时你会看到 file2.txt 不在当前目录中，而是在 home 目录中出现。恭喜你！你现在已经掌握了 Linux 命令行（或者 shell）中最基本的文件操作了。

说起 shell，在大多数 Linux 发行版本中有多种可用的 shell。

2.1.5　Linux 中的 shell

在 Linux 中，shell 有很多种名称，如 Bourne shell、C shell 或 Korn shell。shell 是在用户和操作系统之间一个基于文字的简单的接口，它允许用户执行一些直接对文件系统进行操作的命令。每个版本的 shell 都有其优劣之处，单纯地说哪一个更好就比较片面了。它们使用不同的方式做着同样的事情。Bourne-again shell，也称为 bash，是作为 Bourne shell 的替代品开发的，是大多数 Linux 的默认 shell 程序，当然也包括树莓派的 Raspbian 系统。可以通过登录时的"$"提示符来进行确认。bash 提供了一些很方便的快捷键，当你在终端内进行大量的编写时会很有帮助，当然，在我们的项目中也是很有帮助的（如表 2-2 所示）。

表 2-2　bash 键盘快捷键

按键或组合键	功　能
Ctrl + A	将光标移至本行开始位置
Ctrl + C	结束正在执行的进程
Ctrl + D	注销，相当于输入 exit
Ctrl + E	将光标移至本行末端
Ctrl + H	删除光标前的字符
Ctrl + L	清屏
Ctrl + R	搜索命令历史
Ctrl + Z	暂停程序
左右键	左右移动光标
上下键	滚动之前输入过的命令
Shift + PageUp/PageDown	将终端输出的内容进行翻页
Tab	补全命令或文件名
Tab Tab	显示所有可能的命令或文件名

同样，大部分快捷键的意义都比较明显，但最后两项可能需要解释一下：

❑ Tab：当你输入一个长的文件名的一半时，按下 Tab 键后可能出现两种情况——系统自动补全文件名，或提供可能文件名的列表。如果你正处于 /Desktop/MyFiles/ 目录中，你需要快速查看 myextralongfilename.txt 文件，你只需要输入 cat myextr 之后按下 Tab 键即可。如果当前目录下没有其他同样以 myextr 开始的文件，bash 会自动补全该文件名。如果有的话，bash 将会发出错误提示。这时，再次按下 Tab 键，你会看到可能结果的列表。

❑ Tab Tab：这组快捷键在命令行内同样适用。在终端内输入 1，并按下两次 Tab 键，bash 会把所有以"1"开始的命令显示出来（这个列表很长）。你可以每次多输入一个字符并同样按下 Tab 键两次，shell 会将所有可能的文件或命令提供给你。

2.1.6 包管理器

当你需要在 Windows 中通过线上资源安装一个程序时，通常需要下载一个 .exe 或 .msi 文件，双击这个文件并按照指示进行安装。类似地，如果你使用的是 Mac，则下载一个 .dmg 文件，将解压后的文件复制到你的硬盘，或者运行安装包文件，都可以完成安装操作。

在 Linux 中稍有些不同。Linux 使用安装包系统，或者说包管理器（package manager）对软件进行跟踪。操作系统使用包管理器下载、安装、升级、配置及删除程序。大多数包管理器都有一个包含安装软件的内部数据库，也有一些软件之间的依赖和冲突关系，防止安装软件时出现问题。根据发行版本不同，每种 Linux 的包管理器也不同。Debian（包括树莓派）使用 aptitude，Fedora 用的是 RPM 包管理器，Puppy Linux 用的是 PETget。如果你玩过一些下载的游戏，可能对 Steam 游戏比较熟悉，这时你会发现 Steam 的接口也是包管理器的一种形式。大多数包管理器既有命令行模式，也有图形界面。例如 Ubuntu 使用 Synaptic 作为 aptitude 包管理器的前端。

树莓派和 Ubuntu 类似，也使用 aptitude 包管理器，而且你可以在终端内完成绝大多数工作。安装一个软件最基本的命令是：

```
sudo apt-get install package name
```

这条命令会让包管理器进行如下操作：

1）确定哪个软件资源（或称为软件库）拥有被申请的这个文件。

2）查询软件库并确定需要哪些依赖项。

3）下载并安装那些被依赖的文件。

4）下载并安装被申请的软件。

这个过程看起来很容易，是的——它就应该这么容易。有时你在申请安装一些软件时可能会遇到问题，因为你安装的软件库不包含你申请的软件，但这个问题也很好解决。如果发生了这样的错误，你只需在终端内输入：

```
sudo add-apt repository repository name
```
之后输入：

```
sudo apt-get update
```
这样你的包管理器就会知道新的软件库了，再次输入：

```
sudo apt-get install package name
```
即可。幸运的是，Raspbian 的默认软件库包含了大多数你可能会用到的软件，因此（同样对于本书而言）你可能不会遇到刚刚提及的问题。

2.2　文本编辑器

不同于 Windows 和 Mac 系统（它们有诸如 Notepad、Wordpad 和 Textedit 等文本编辑器），当谈及文本编辑器时，Linux 有很多选择。在大多数发行版本中都包含一个标准的文档编辑器，叫作 gedit。树莓派内也含有这个轻量级的编辑器。树莓派内置的编辑器——Leafpad 是一款十分优秀的编辑器。同时你也可以使用 nano 对文本进行编辑，这是另一款预装在树莓派内的文本编辑器，具有十分直观的界面。但当你需要用树莓派进行一些比较专业的编程工作时，你可能会使用 Linux 两个强有力的编辑器：vi 和 emacs。

vi 和 emacs 不仅是强大的文本编辑器，同样也可用作集成开发环境（Integrated Development Enviornment，IDE），因为在编写时关键词的颜色会发生改变（语法高亮），而且单词也会自动补全。二者都可以进行外部扩展，且可定制化。例如，emacs 有超过 2000 条内置命令，而 vi 因其具有众多接口及版本，可进行定制化。实际上，vi 的一个版本，Vim（Vi Improved，Vi 提升版），也包含在几乎每个 Linux 发行版中，并且之后我会对其进行进一步讨论，因为相对于 vi 编辑器而言，Vim 更像一个 IDE。通过 Lisp 扩展，emacs 可以成为用户可编程的程序，而 vi 的不同版本可以满足每个人的不同喜好。

然而，在这两种编辑器之间存在一些竞争。Linux 和 UNIX 用户往往只对其中一种编辑器持有浓烈的热情，对另一款则报以极大的偏见。因此当他们讨论二者各自的优缺点时，会变得十分激动。我会在本书中对这两款软件都进行介绍，但作为一名执着的 emacs 用户，我会尽量避免对 Vim 的批判。在本书中，我不会提及讨论的程序和脚本文件是如何编写的，最多是给出结果。你甚至可以用树莓派的 Leafpad 进行编程，这款编辑器同样适用。

2.2.1 Vim、emacs 和 nano

Vim 是一个模式编辑器。它有两种工作模式：输入模式和普通模式。在输入模式中，你输入的内容会成为文档的一部分。普通模式用来控制编辑会话。例如，当你在普通模式下输入字母"i"，则会切换至输入模式。当你再次输入"i"时，在你光标的位置上会输入字母"i"，正如一个文档编辑器该做的那样。通过对两种工作模式的切换，你可以创建并编辑你的文档。

另一方面，emacs 则更为直观。你可以通过方向键在文档中进行移动，并且你在键盘上输入的内容都会出现在光标的位置之上。特殊的命令，例如复制 / 粘贴等这些通过按下 Ctrl 键实现的操作，通常都跟在其他按键之后，一般都是"X"。例如，如果你想要保存当前的文档，你需要先按下 Ctrl-X，再按下 Ctrl-S，在 emacs 的菜单中也突出显示了 C-X 和 C-S 的组合。

然而，nano 编辑器比之前的两者都要直观。你可以像使用其他编辑器一样输入文字，而且你经常使用的命令会显示在屏幕底部。

如果你想都体验一下（在你决定一件事之前，都尝试一下是个好主意），要确保你已经安装了这三个编辑器。为此，你可以输入以下命令进行安装：

```
sudo apt-get install emacs
```

以及

```
sudo apt-get install vim
```

nano 编辑器应该已经预装在树莓派中了。但 Vim 和 emacs 应该没有。需要注意，emacs 将会下载大量的数据，所以安装这些程序及其所依赖的文件将会花费一定时间。所以在安装的同时，喝杯咖啡或者吃顿晚饭是个不错的选择。

2.2.2　使用 Vim

我之前说过，Vim 是一个模式编辑器，这意味着你需要在输入模式和普通模式之间进行切换。现在让我们尝试编写一个测试文件，将树莓派转移到桌面并输入：

```
vim testfile.txt
```

之后，Vim 编辑器会在终端进行显示，而不是新建另一个窗口，因此如果你不适应的话，可能会有些困惑。你应该会看到一个类似于图 2-4 的界面。

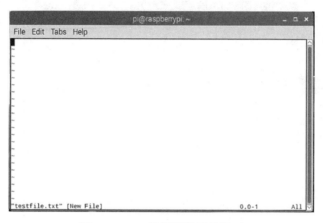

图 2-4　Vim 编辑器的开始界面

Vim 编辑器是在普通模式下打开的，这意味着你不能立即编写文件。为了正常地编辑文件，你需要按下"I"键切换到输入模式。之后屏幕左下方会显示"INSERT"这个单词——无论是在输入模式还是普通模式，这都是一种很方便的提醒方式。当你完成了要输入的信息后，按下 Esc 键便可返回普通模式。在普通模式下，你可以通过方向键浏览文档，在输入模式下同样可以，但只有在输入模式下才可以改变或添加信息。当需要保存文件时，至少按一次 Esc 键确保你正处于普通模式下，输入":w"（不带引号）并按 Enter 键即可退出。如果要同时保存并退出的话，输入":x"（同样不带引号）并按下 Enter 键。很明显，如果你正处于输入模式，当输入这些字符时，结果只可能是将 :w 或 :x 添加至你的文档。

要使用 Vim，需要花一定时间去适应，而且很多人会把这两种不同模式的操作弄混。如果你倾向于这款文档编辑器，网上有很多教程指导你如何充分发挥其潜力。

2.2.3 使用 emacs

emacs（至少对我而言）比 Vim 更直观一些。尤其是当你第一次使用的时候。首先，打开一个终端并转到你测试文件的位置，例如桌面。之后输入：

```
emacs testfile.txt
```

emacs 会查找 testfile.txt，如果该文件存在，emacs 会打开该文件。如果不存在的话，会创建一个新的文件。之后你会看到一个空的面板，如图 2-5 所示。

图 2-5　emacs 编辑器的开始界面

之后你便可以开始编写程序了。表 2-3 列出了 emacs 中常见一些的命令。

因此，如果你想要移动一行文字，首先将光标移至这一行的开始位置，按下 Ctrl 及 Space 键，界面左下方的状态会变为"Mark activated"。这时将光标移至行末，并按下 Ctrl 和 E 键。左下方的状态文字便消失了。现在你已经选中了那一行的文字，通过 Ctrl+W 对该行文字进行剪切，将光标移动到需要粘贴的位置，按下 Ctrl+Y 便可进行粘贴操作。

适应这个过程会花费一些时间，所以如果你决定使用 emacs 的话，网上有很多教程可以指导你学习按键的一些操作。一旦学会了这些操作，使用起来会更加得心应手。但记住一点：一旦你不记得快捷键的话，记得去菜单里找，大多数命令都可在菜单中找到。

表 2-3　emacs 中的常见命令

命　令	按　键
打开 / 新建	Ctrl+X + Ctrl+F
关闭	Ctrl+X + Ctrl+C
保存	Ctrl+X + Ctrl+S
剪切	Ctrl+W
复制	Alt+W*
粘贴	Ctrl+Y
跳到本行首位置	Ctrl+A
跳到本行末位置	Ctrl+E
开始 / 结束选择	Ctrl+Space

2.2.4　使用 nano

正如之前提及的，nano 编辑器可能是 3 种编辑器中最容易使用且最容易适应的一个。在 nano 中编辑文件，只需在终端中输入：

```
nano testfile.txt
```

之后你就会看到如图 2-6 所示的界面。同其他两个编辑器一样，如果输入的文件存在，nano 会打开该文件，不然会创建一个新的文件。

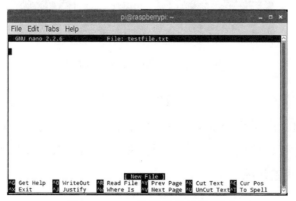

图 2-6　nano 编辑器的开始界面

如图 2-6 所示，常用的命令都在屏幕下方罗列出来，其中上箭头（^）标志着 Ctrl 键。如果需要保存一个文件，按 Ctrl+X 键退出，在退出之前会提示是否需要保存该文件以及文件名的信息。一般来说，输入"Y"并按下 Enter 键可以保存刚刚打开或创建的文件。

2.2.5 默认文本编辑器

树莓派以前有一款编辑器叫作 Leafpad，这是一款功能齐全但又轻量级的编辑器，类似于 Ubuntu 的 gedit、Mac 的 TextEdit 或 Windows 的 TextPad。打开树莓派桌面靠左下侧的图标，选择"Text Editor"（如图 2-7 所示）。

图 2-7 打开默认文本编辑器

可以看到，它同你使用过的大多数编辑器类似。如果你习惯于使用这一类编辑器，选择这款即可。我不会经常提起这款编辑器，因为它的主要缺点是必须在树莓派图形化桌面上才可以使用。如果你只是远程登录树莓派，并且工作在命令行模式下，Leafpad 是无法工作的。

2.3　总结

本章简单介绍了 Linux 的一些基本知识。虽然这不能使你成为一名专家，但它清晰地展示了这个功能强大的操作系统的用途。你可以仅通过命令行在文件系统中进行导航，并且你已经了解了何为 shell。同样，你已经知道了几种不同的文本编辑器，并且也许已经找到了适合自己的一款编辑器。一旦熟悉了树莓派，你可能也会在一台或多台其他的计算机上安装 Linux 系统，这很好。

在下一章，我会尽最大努力向你介绍 Python。

第 3 章

Python 介绍

你可能还记得我们在第 1 章中提过,制作树莓派的初衷是为了让每个人(尤其是孩子们)都拥有编程的环境。为了实现该目的,树莓派的创造者们想要推出一台价格相对便宜但性能十分强劲的计算机,每个人都可以将这台计算机连接至键盘、鼠标、显示器进行编程。

创造树莓派的另一个原因是希望简化编程。为此,Eben Upton 和他的同伴决定将 Python 语言集成到树莓派的操作系统中。他们认为,Python 是一种强大的编程语言,那些没有编程经验的人也可以轻松快速地学会。

在本章,我将对 Python 进行快速且全面的介绍。我们将练习创建一些脚本文件,然后运行,并在过程中学习这种强大语言的一些基本操作。假设你至少对 Python 有初步的了解,也许你还懂得一些编程知识,但仅此而已。因为我们要介绍 Python——这也是你购买本书的部分原因。

3.1 脚本语言与编程语言

Python 是一种脚本语言。有些人可能会对它是编程语言还是脚本语言进行争论,但为了得到那些严格的技术专家的认可,我们仍称其为脚本语言。

脚本语言同真正的编程语言有几个方面的区别。在阅读以下的对比时，请注意楷体字部分。

❏ 不同于脚本语言，编程语言需要进行编译。像 C、C++ 和 Java 这些常见的语言一定要通过编译器编译才可正常运行。编译最终会生成一个机器码的文件，人们看不懂这个文件，仅有计算机可以识别并执行。当你用 C 语言编写了一个程序，编译后会生成 .o 文件，这个文件就是计算机所识别的文件。这种编程语言的副作用（结果）可能会使程序的运行速度更快——因为编译只发生一次，而且编译器通常会在编译过程中优化代码，使得其运行起来比最初时更快一些。

　　脚本语言只在每次执行时才会被读入、解释并执行。它们不会产生编译好的文件，并且它们命令执行的顺序和你写入的顺序一致。如果你写的代码质量不是很高，你得到的结果也不会很好。因此，用脚本语言编写的程序运行速度可能较慢。

❏ 编程（编译）语言经常在硬件的顶层执行，也就是它们被编写的地方。当你编写并编译一个 C++ 程序后，得到的机器码文件由计算机处理器直接执行。

　　脚本语言运行在另一个程序"之中"——这个程序负责处理我们刚刚提到的编译工作。PHP 这种常见的脚本语言运行在 PHP 脚本引擎中。bash 脚本运行在 bash shell 中，这一点在上一章也有所介绍。

❏ 编程语言学起来往往比较复杂和困难。脚本语言可读性更高，语法不太严格，对于没有编程基础的人来说更易于上手。

　　仅仅因为这个原因，学校中入门级编程课程通常讲授脚本语言，直到学生掌握了基本知识后，才会学习 C 或 Java 这类编程语言。

然而，近几年，两种语言之间的界限越来越模糊，它们之间的差距几乎不复存在。让我们举例说明这个问题：

❏ 虽然严格的编程语言需要进行编译，而脚本语言不需要进行编译，但现如今计算机处理器速度大幅提升，内存管理日趋完善，几乎使得编译语言的速度优势消失殆尽。一个用 C 语言或 Python 语言编写的解决特定任务的程序在执行速度上几乎没有任何差别。虽然某些特定任务可能会存在一些速度差异，但并不是全部。

❏ 是的，脚本语言运行在另一个程序之中。然而，Java 语言可看作是一种"真正的"编程语言，因为它必须经过编译才可运行，但却运行在每台设备的 Java 虚拟机中。这就是 Java 语言如此具有跨平台特性的原因：只要你的特定设备上有正确版本的虚拟机，代码便可进行移植。C# 也是一种编译语言，但它却运行在另一个编程环境中。

❏ 我认可编程语言往往更加复杂且难以学习，脚本语言确实易于理解和学习，因为其语法规则较少，而且很像英语。例如，下面我们就两种语言如何输出 "Hello, world!"来进行讨论。

在 C++ 中，你这样编写出程序：

```
#include <iostream>
int main()
{
std::cout << "Hello, world!" << std::endl;
return 0;
}
```

在 Python 中，你这样编写程序：

```
print "Hello, world!"
```

当然，存在一些特殊情况。我也见过看起来有些不合乎情理的 Python 脚本，以及一些可读性十分高的 C 语言程序。但通常来讲，脚本语言更适合编程初学者学习，而且功能十分强大。

是的，你可以在树莓派上使用 C、C++，甚至 Java 语言或者汇编语言（如果你热衷于此）进行编程。但既然你已经了解了编程语言和脚本语言的区别，为什么不试试 Python 呢？

在树莓派中，使用 Python 进行编程意味着大多数从未涉及过计算机编程的人不用学较难的语言就能利用树莓派进行编程，并做出一些十分有意思的东西，比如本书中介绍的所有项目。毕竟这就是树莓派存在的意义：让更多学生接触编程，因此 Python 语言预装在树莓派内。

3.2　Python 语言的理念

在脚本语言的世界中，Python 是一门相对较新的语言，但其出现的时间也没有大多数人想的那么晚。Python 语言是在 20 世纪 80 年代后期开发出来的，大约是 UNIX 概念产生后的 15 年。

它是由它的主要作者 Guido Van Rossum 在 1989 年 12 月提出的。他至今仍致力于 Python 的发展和进步，并且因对这种语言的贡献被 Python 社区所表彰，被授予了"Benevolent Dictator for Life"（BDLF）的称号。

Python 的理念始终是让代码更具可读性，以及更易于编写。这些在 Python 的"PEP 20"（The Zen Of Python，Python 之禅）文档中进行了总结，记录如下：

❑ 优美胜于丑陋。

❑ 明了胜于晦涩。

❑ 简洁胜于复杂。

❑ 复杂胜于凌乱。

❑ 扁平胜于嵌套。

❑ 间隔胜于紧凑。

❑ 可读性很重要。

❑ 即便假借特例的实用性之名也不可违背这些规则。

❑ 不要包容所有错误。

❑ 除非你确定需要这样做。

❑ 当存在多种可能，不要尝试去猜测。

❑ 尽量找一种，最好是唯一一种明显的解决方案。

❑ 虽然这并不容易，因为你不是 Python 之父。

❑ 做也许好过不做。

❑ 但不假思索就动手还不如不做。

❑ 如果很难向人描述你的方案，那肯定不是一个好方案。

❑ 如果容易向人描述你的方案，那也许会是一个好方案。

❑ 命名空间是一种绝妙的理念——我们应当多加利用！

除了这些戒律外，Python 有一个"功能齐备"（batteries included）的思维定式，这意味着无论你需要用 Python 完成多么复杂的任务，只要存在能够做到的模块，就可以好好利用，而不必推倒重来。

3.3 Python 入门

让我们开始学习 Python 吧！在树莓派上运行 Python 有 3 种不同的方法：使用内置的 IDLE 解释器、在终端内运行，或者用作脚本文件。我们先介绍 IDLE。

3.3.1 通过 IDLE 运行 Python

IDLE 解释器类似于一个"沙盒"，你无须编写全部脚本内容便可同 Python 进行交互，并观测它所做的事情。IDLE 代表" Integrated DeveLopment Environment"（集成开发环境），它也代表了对 Eric Idle 的一种尊敬，Eric Idle 是英国喜剧团体 Monty Python 的联合创始人之一（详情见"给我一个灌木丛！"部分）。

IDLE 是调试代码最为友好的一种方式，首先，让我们看看它的使用方法。双击桌面的图标（如图 3-1 所示），选择 Python2（IDLE）选项，因为我们将在 Python2 中进行所有 Python 编程，之后你便可以看到如图 3-2 所示的欢迎界面。

图 3-1　找到 IDLE 解释器

图 3-2　IDLE 窗口

为了迎合大多数的编程传统，让我们编写一个很多种语言都编写过的程序，在光标处输入：

>>> print "Hello, world!"

按下 Enter 键，你会立刻看到屏幕输出：

Hello, world!

这便是 Python 的 print 语句，默认输出到屏幕上。现在输入：

>>> x=4

按下 Enter 键。光标会跳到下一行，但什么都没发生。实际上，Python 解释器已经将 x 与 4 进行关联了。如果现在你输入：

>>> x

会得到：

4

同样，如果你输入：

```
>>> print x
```

也会得到同样的结果：

```
4
```

这表明了 Python 的另一个特性：动态类型化（dynamic typing）。在类似 C 这样的语言中，声明变量前必须先定义它的类型，比如：

```
string x = "This is a string.";
```

或者

```
int x = 5;
```

> 注意 关于字符串的内容请见 3.4.2 节。

当你输入 x = 4 时，Python "知道" x 是一个 int（整型）变量。

虽然 Python 采用动态类型系统，它同时也是强类型的。这意味着当你试图将一个整数类型的变量与一个字符串类型的变量相加时，Python 会进行错误提示。你也可以使用类来定义自己的类型。Python 完全支持面向对象编程（object-oriented programming，OOP），我之后会对此进行详解，但此处你只需知道你可以创建一个包含整型、字符串型和其他类型的对象，而且这个对象属于它自己的类型即可。Python 有一些内置的数据类型：数值、字符串、列表、字典、元组、文件，以及其他类型（如布尔类型）。之后我们会对每个类型逐一进行介绍。

现在回到之前的话题，让我们尝试在 IDLE 中对变量进行一些操作。输入：

```
>>> print x+5
```

会输出 9，如果输入：

```
>>> x + "dad"
```

则会提示错误。此时，如果输入：

```
>>> "DAD" + "hello"
```

会得到：

```
'Dadhello'
```

因为对 Python 而言，对字符串进行加操作就相当于串联它们。如果你想制作一个列表，则将列表中的每一项置于方括号内：

```
>>> y = ['rest', 1234, 'sleep']
```

同样，对于一个字典集合（一组有着键码和键值的文件类型），将内容置于花括号内：

```
>>> z = {'food' : 'spam', 'taste' : 'yum'}
```

> **注意** 键码和键值都是 Python 字典数据类型的一部分，它们是链接在一起的数据对。例如，在之前代码示例的字典里，'food' 和 'spam' 分别为键码和键值。同样，'taste' 和 'yum' 也是这样的一组数据。当使用字典时，你输入其键码，便会得到相关联的键值信息。

给我一个灌木丛!

Python 这个名字并不是来源于一条蛇。它的创始人 van Rossum 是根据 BBC 的一个喜剧团体 Monty Python 的名字来命名这门语言的，因为他本人十分喜欢该团体。因此，这门语言中充斥着很多 Monty Python 的文献内容。传统上"foo"和"bar"在其他编程语言中用来解释代码，而在 Python 的例子中则变成了"spam"和"eggs"。如果你是 Monty Python 的一名粉丝，当你看到"Brian""ni"和"shrubbery"等这些词语时，便会觉得一切都变得意义非凡了。即便是解释器 IDLE，也是根据 M.P. 的成员 Eric Idle 命名的。如果你不是很了解他们的作品，我建议你放下本书，去看看他们的事迹。我真诚推荐 *The Dead Parrot Sketch* 和 *The Ministry of Silly Walks*，尽管学习这门语言不必了解他们的作品，但这会让你更加享受 Python。

PYTHON 2 和 PYTHON 3

Python 在编程语言中有些独特，因为目前有两个常用的受支持版本：版本 2 和版本 3。前者的版本是 2.7.14，而 Python 3 目前的版本是 3.6.4。

Python 3 于 2008 年发布。2.7 版本于 2010 年发布，不会再有更多的主版本（也就是说，不会有 2.8 版本）。Python 的创始人决定在版本 3 中"清理"该语言，对向后兼容性的考虑比你们预期的要少。

最显著的改进是 Python 3 处理 Unicode 的方式，该语言的几个方面对初学者来说变得更加友好。不幸的是，因为只有有限的向后兼容性，有很多用 Python 2 编写的 Python 软件，如果不进行一些认真的改造，它们就无法在 Python 3 中运行。坦率地说，这并不是很容易做到的，特别是在 Python 2 仍然被支持的情况下。

我的建议是，集中精力学习 Python 2，因为 Python 3 没有太大的区别。在这本书中，我将使用 Python 2，但如果你有需要，可以随意将其翻译成 Python 3。

3.3.2　通过终端运行 Python

让我们快速浏览另一种使用 Python 的方法，即通过终端使用 Python。打开树莓派桌面的终端，在光标处输入 python。之后你会看到和打开 IDLE 同样的欢迎信息，以及同样的 >>> 符号。此时，你可以尝试输入在 3.3.1 节中讨论过的相同的命令，而且你会得到相同的结果。

3.3.3　通过脚本运行 Python

无论是通过 IDLE 还是终端，你都无法在真正意义上编写一个"脚本文件"。因为一旦你将窗口关闭，之前定义的变量便荡然无存，而且没有办法保存你之前的工作。而编写 Python 的最后一个方法（使用文本编辑器编写）解决了这个问题。你可以编写一个完整的程序，保存为 .py 文件，并且通过终端运行。

现在，让我们用树莓派自带的文本编辑器编写一段非常简短的脚本程序。从 Accessories 菜单中打开文本编辑器（如图 3-3 所示）。

在打开的窗口中，输入：

```
x = 4
y = x + 2
print y
```

图 3-3　打开文本编辑器

　　将该文件命名为 test.py 保存至桌面。现在开启一个终端程序并将目录转至桌面，输入：

```
cd ~/Desktop
```

之后你便可以运行刚才的脚本了，输入：

```
python test.py
```

　　终端上便会显示数字 6 了。恭喜！你刚刚已经完成了包括编写、保存、执行一个 Python 脚本程序最基本的操作！

　　在编写本书中的脚本程序时，你可以使用任何一种文本编辑器。如果你习惯使用 Leafpad，就尽情使用吧。我习惯用 nano 或者 emacs 这些基于终端的编辑器，因为我经常远程登录树莓派，但 Leafpad 不能运行在远程登录会话中。为此，我将告诉你如下编写文件的方式：

```
sudo nano spam-and-eggs.py
```

　　不过，按自己喜好使用编辑器就好。

　　接下来，让我们简单看看每一种数据类型以及它们能用来做什么。

3.4 探究 Python 的数据类型

像我们之前提到过的那样，Python 提供了很多内置的数据类型。在接下来的环节中，你会接触到数值、字符串、列表、字典、元组和文件这几个数据类型。

3.4.1 数值

数值的含义不言而喻，实际上，如果之前有过编程经验你便会了解 Python 的数值类型：整型、短整型、长整型、浮点型，以及其他。Python 中有一些表达式运算符可以允许你对这些数字进行计算，包括 +、-、/、* 和 %，以及一些比较运算符如 >、>=、!=、or 和 and。还有很多其他的运算符。

所有这些运算符都是内置的，但你可以通过 Python 另一个强大的特性（导入模块）导入其他的运算符。模块是你可以导入脚本并将其添加至 Python 本地功能的额外的库。在这一点上，Python 和 Java 很像：如果你想做一些其他操作，导入一个已存在的库会使事情变得十分轻松。例如，如果你想分析文本，如分析网页页面，你可以查看一个叫 Beautiful Soup 的模块。如果你需要远程登录一台计算机（如果愿意，用一些其他的项目也可以），导入 telnetlib 模块，这样你需要的一切就备齐了。至于数值的操作，math 模块中包含各种各样的数学函数，可以用来增加 Python 的数学功能。你可以自己试试，打开一个 IDLE，输入：

```
>>> abs(-16)
```

你会得到结果 16。因为这是一个绝对值功能的函数（我会在本章函数部分讨论），而且这个函数已经包含在 Python 默认库内。但是，如果输入：

```
>>> ceil(16.7)
```

便会出错，因为 ceiling 功能并不包含在默认库内。它必须被导入。输入：

```
>>> import math
>>> math.ceil(16.7)
```

之后终端会得到结果 17.0——x 的 ceiling 值，或者说是大于 x 的最小整数。然而你也许不会用到 ceiling 功能，但导入 math 模块会给你提供各种额外的功能，如对数和三角函数功能及角度转换的功能，而添加这些功能只需要一行代码。

3.4.2　字符串

在 Python 中，字符串定义为一组有序的用于表示基于文字信息的字符集合。Python 并没有类似 C 语言或其他语言中的 char 类型变量，一个单字符就是简单的单字符字符串。字符串可包含任何可视为文本的信息：字母、数字、标点符号、程序名等。当然，这意味着：

```
>>> x = 4
```

和

```
>>> x = "4"
```

并不相同。你可以给第一个示例中的 x 加 3，但如果你对第二个示例做同样的事情，Python 会提示错误——此处 x 指向值为 4 的字符串，而不是一个整数，因为 4 是用引号括起来的。Python 并不区分单引号或双引号，你可用任意一种引号括起一些字符，而被引号括起的内容则被视为字符串。这会起到很好的效果：你可以在字符串内包含一个引号字符，而不需要像 C 语言那样通过反斜杠对引号进行转义。例如：

```
>>> "Brian's"
```

意味着：

```
"Brian's"
```

并不需要转义字符。

在使用 Python 的过程中，你可能会经常使用一些基本的字符串操作，如 len（计算字符串的长度）、连接、迭代、索引和切片（相当于 Python 中的子字符串操作）。为了更加详细地说明，请在 IDLE 中输入如下的代码，对比你得到的结果和下面给出的结果：

```
>>> len('shrubbery')
9
'shrubbery' is 9 characters long.
>>> 'spam' + 'and' + 'eggs'
'spam and eggs'
'spam', 'and', and 'eggs' are concatenated.
>>> title = "Meaning of Life"
```

```
>>> for c in title: print c,
(hit Enter twice)
M e a n i n g   o f   L i f e
```

输出'title'中的每一个字符。（注意 print c 后面的逗号，它告诉解释器要一个接一个地打印字符，而不是在一个向下的列中打印。）

```
>>> s = "spam"
>>> s[0], s[2]
('s', 'a')
```

"spam"中第一个（[0]）和第三个（[2]）字符分别是：'s'和'a'。

```
>>> s[1:3]
'pa'
```

第二个到第四个字符是'pa'。（当在字符串中确定范围时，一般不包含第一个参数而包含第二个参数。）

如果有一个整数（例如 4）以字符串类型输入，你可以将其从字符串类型转换成整数类型，如果你需要将其平方，只要简单输入：

```
>>> int("4") ** 2
16
```

你可以转换至 ASCII 码或者从 ASCII 码转换成字符串类型，使用类似于 %d 和 %s 这类转义字符进行格式化即可，或者将大写字符全部转换为小写字符，有很多其他的类似操作全部包含在 Python 内置的字符串库中。

3.4.3 列表

列表和字典可以说是 Python 中最强大的内置数据结构。实际上它们是其他数据类型的集合，而且使用起来十分灵活。它们可以在位置上进行改变，根据需求扩展或者收缩，而且可以包含其他类型的对象或被它们所包含。

如果你有使用过其他编程语言的经历，可能会认为 Python 中的列表和 C 语言中的指针数组有些相似。实际上，在 Python 解释器内，列表就相当于 C 语言中的数组。由于它们包含的指针对象可以指向几乎任意一种数据类型（包括其他列表），因此它们可以包含任意其他数据类型的对象。列表也是可以建立索引的——同 C 语言中数组建立索引的速度一样快。它们可以像 C++ 和 C# 中的列表一样扩展和收

缩，也可以被分割成不同列表或者独立成一个元素，还可以进行串联——你对字符
串进行的诸多操作同样适用于列表。

　　如果要创建一个列表，需要用方括号（[]）进行定义：

```
>>> l = [1, 2, 3, 4, 5]
```

或者

```
>>> shrubbery = ["spam", 1, 2, 3, "56"]
```

创建好之后，你便可以对它们进行操作了，比如连接等：

```
>>> l + shrubbery
[1, 2, 3, 4, 5, 'spam', 1, 2, 3, '56']
>>> len(shrubbery)
5
>>> for x in l: print x,
...
1 2 3 4 5
>>> shrubbery[3]
3
```

　　（你可能会意识到：列表同数组一样，索引是从 0 开始的。）通过索引和切片操
作，你可以用删除或添加来改变队列的内容：

```
>>> cast = ["John", "Eric", "Terry", "Graham", "Michael"]
>>> cast[0:2] = ["Cleese", "Idle", "Gilliam"]
>>> cast
['Cleese', 'Idle', 'Gilliam', 'Graham', 'Michael']
```

　　在列表中，你也可以调用一些相关的函数进行操作，如：append、sort、
reverse 和 pop。如果想要获得最新列表的函数，输入：

```
>>> help(list)
```

这样你便可以知道最新函数的细节信息。

注
意　　Python 的帮助功能十分强大。如果你不知道该做什么或者什么做法可行时，
在终端内输入 help（困惑的内容），之后便可得到极大的帮助（更多内容可
以参考"Python Help"部分）。

<hr>

Python Help

如果你在使用 Python 时遇到了困难，提供的官方在线文档会十分有帮助。将浏览器转到 http://docs.python.org/2/library/stdtypes.html，你就可以看到可用的所有标准数据类型的信息以及使用方法了。类似地，http://docs.python.org/2/library/functions.html 提供了经常使用的一些函数的所有信息。Python 中内置的 help 功能也十分全面。如果想尝试 help 功能，在 IDLE 中输入：

```
>>> import string
```

之后输入：

```
>>> help(string)
```

接着，你就能看到你想知道的任何关于字符串的内容了。

类似地，输入

```
>>> help(string.capitalize)
```

将会为你展示如何使用大写功能。

<hr>

3.4.4 字典

类似于列表，Python 中的字典也可以将其他数据对象灵活地组合在一起。但与列表不同的是，字典数据类型是未排序的；你可以通过下标访问每组数据，但在字典中数据是通过键码进行访问的。换言之，字典包含键码–键值（key-value）数据对。每次访问键码都会返回键值的内容。例如，在下面的字典中，'spam' 值可通过它的键码 'food' 进行访问：

```
>>> dict = {'food': 'spam', 'drink': 'beer'}
>>> dict['food']
'spam'
```

同列表一样，字典也可以进行嵌套：

```
>>> dict2 = {'food': {'ham': 1, 'eggs': 2}}
```

这意味着键码 'food' 同 {'ham' : 1, 'eggs' : 2} 的内容相关联，而其本身就是一个字典类型数据。

字典类有明确的调用方法：

```
>>> dict.keys()
['food', 'drink']
```

这条指令会列出在 dict 中的所有键码。

```
>>> dict.has_key('food')
True
```

此处返回 True，意味着在 dict 中确实包含键值为 'food' 的数据，如果不包含的话则返回 False。

字典类型数据会就地改变。

```
>>> dict['food'] = ['eggs']
>>> dict
{'food': ['eggs'], 'drink': 'beer'}
```

这使 'food' 的键值从 'spam' 变成 'eggs'。（在此你会发现：'eggs' 不仅是一个普通项，也是一个单数据列表。）

注意　如你所见，键码不一定必须是字符串类型。你可以使用任何不可变的对象作为键码；如果你使用整型变量作为键码，字典就会和列表的功能一样了——通过序号（整型值）进行查找。

3.4.5　元组和文件

在此要介绍的最后两个主要的数据类型是元组和文件。元组是其他对象的集合，而且数据不能更改，文件则是指在计算机上文件对象的接口。

元组是有序的对象的集合。它们很像列表，但不同于列表的是，元组的数据不是就地更改的，而是通过圆括号描述的（不是方括号），如：

```
>>> t = (0, 'words', 23, [1, 2, 3])
```

这里，t 包含两个整型变量：一个字符串变量和一个列表。你可以对元组进行嵌套操作、索引编号操作、切片操作，任何可以对列表进行的操作都适用于元组。

所以，既然它和列表如此相似，为何还有存在的必要呢？最为大众所接受的答案是：因为它所包含的内容是不可变的——它们不可更改。通过将一组对象声明为元组而不是列表，你可以确保在程序中任何地方使用相同的一组数据。这和 C 语言中定义的 const 变量有些类似——如果你想在某个位置对其进行修改，编译器会进行错误提示。

我在第 2 章曾提到过关于文件的内容，所以这个名词对你应该并不陌生。在 Python 中有一个内置的 open 函数，可以用来创建一个文件对象，并与计算机内的一个文件建立链接。文件对象与其他类型有一些不同，它们只能对那些外部的文件进行一系列的操作。这些操作包括读（read）、写（write）、打开（open）、关闭（close），以及各种解析文本文件的函数。为了进行更详细的说明，在下面的代码中我将进行打开 test.txt 文件（如果文件不存在，则创建新的文件）的操作，并对打开的文件进行写操作，写入一行文字（通过换行转义字符实现换行操作），最后关闭这个文件：

```
>>> myfile = open('test.txt', 'w')
>>> myfile.write('Hello there, text file!\n')
>>> myfile.close()
```

无论你在哪个目录下，执行这些指令后的结果都是一样的。

需要注意的是，如果 test.txt 已经存在，调用 myfile.write() 函数会将已存在的内容覆盖。如果你希望追加内容而不是覆盖，在打开文件时应使用 'a' 而不是 'w'。

一旦打开了一个文件，你可以读取内容并写入内容，需要注意的是：你只能从文件读取字符串类型的内容。这意味着在你对文件内的对象进行任何操作之前，你不得不将其还原为它们"真正"的数据类型。如果 myfile.readline() 返回的值是 '456'，你必须通过 int() 将 456 转换为整型变量，之后才能进行计算。

文件操作十分实用，因为你可以对一个文件进行创建或者写操作，但它们有些超出本章介绍的范围。我将在项目中使用它们时再进行介绍。

如你所见，Python 内置的数据类型可以完成一个真正的"编程语言"完成的事情——有时会更加方便、更加有效。通过比较这些数据类型，你可以利用 Python 做出一些十分强大的东西，就如你在接下来的讲解中会看到的一样。

3.5　利用 Python 进行编程

现在，你已经了解了数据类型。接下来，让我们看看如何在实际程序中使用它们。当你创建一个 Python 程序时，首先必须从翻译器的环境中退出来，并且打开一个文本编辑器，如 emacs 或者树莓派的 Leafpad。在创建完程序后，将其 .py 的扩展名保存。之后，你便可以通过输入以下命令运行该程序：

```
$ python myprogram.py
```

在众多的编程语言中，Python 的语法也十分与众不同。Python 使用空格或者缩进来分开不同的代码块。C 语言等其他语言用花括号区分不同的代码块，如 if 语句；Python 使用冒号和缩进来界定一个代码块。

C 语言中的代码格式如下所示：

```
if (x==4)
{
    printf("x is equal to four\n");
    printf("Nothing more to do here.\n");
}
printf("The if statement is now over.\n");
```

在 Python 中，相同的代码如下所示：

```
if x == 4:
    print "x is equal to four"
    print "Nothing more to do here."
print "The if statement is  now over."
```

你可能会注意关于 Python 编程的两个细节。第一，在 if 语句中括号的作用不是很明显。在 Python 中，括号不是必需的，但在大多数情况下，使用括号是一种好的编程习惯，因为加了括号会提高代码的可读性。你也会发现，大多数其他编程语言在每行代码的末尾都会以分号结束，而 Python 则不是这样。这可能需要花些工夫去适应，但却可以避免因为在某处分号放错位置或者忘记添加分号而引起编译失败的问题。在 Python 中，每行代码的末尾就是该条语句的末尾——就这么简单。

你已经见过一条语句的形式了，如：

```
x = 4
y = "This is a string."
```

同之前提到的一样，在 Python 中不需要提前声明 x 是一个整型变量，y 是一个字符型变量——Python 可以自己区别。这些语句称作赋值语句（assignment），它们将等号右边的值赋给等号左边的变量。不同的编程语言有各种各样的命名规则，但我能给你的最好建议是：选择其中一个规则并坚持下去。如果你喜欢 Pascal 语言的规则（ThisIsAVariable），那就用这个规则。如果你更偏向于驼峰规则（thisIsAVariable），就使用这个规则。但一定要一致，以后你会感谢自己的坚持的。在任何情况下，无论变量是数值、字符、列表，或其他别的什么，赋值的工作仅仅是将一个值赋给一个变量。这是编程函数中最简单的一个。

3.5.1 IF 测试

接下来要介绍的编程函数是 if 语句，及其相关的 elif 和 else 函数。如你所预期的一样，if 执行了一个测试，然后选择一项基于测试的结果。最基本的 if 语句如下所示：

```
>>> if 1:
... print 'true'
...
true
```

1 和布尔变量中的 true 效果一样，因此上述语句总会输出 true。

注意 当你在 Python 终端或者 IDLE 中输入 if 语句并以冒号结束时，下一个提示符永远都是省略号（…），这意味着 Python 正等待一个缩进块。如果你已经进行了缩进操作，按下 Enter 键结束等待。如果你在一个文本编辑器内编写程序，确保在需要缩进时进行了缩进操作。

从此处开始，我将按文本编辑器的格式书写代码，并将输出的结果按照运行脚本之后的格式书写。

这是一个使用 elif 和 else 的较复杂的程序，如下：

```
x = 'spam'
if x == 'eggs':
    print "eggs are better when they're green!"
```

```
elif x == 'ham':
    print 'this little piggy stayed home."
else:
    print "Spam is a wonderful thing!"
```

很明显，这段代码最终会输出 "Spam is a wonderful thing!" 当程序执行时，计算机首先判断第一个 if，如果被判断的语句是正确的，则会立即执行随后缩进块内的代码。如果不正确，则略过缩进块寻找 elif，并判断其语句的正确性。同样，如果正确或者没有 elif 语句，计算机会执行后面缩进块内的程序，如果不正确，则会跳过缩进块寻找下一个 elif 或者 else 语句。

在此有三点需要注意：第一，如果一条 if 语句内的内容是错误的，则在之后的缩进块内的内容都不会执行，计算机会直接跳转到下一个未缩进的代码处。

第二，同其他语言一样，Python 使用双等号来判断是否相等。单等号用来进行赋值操作，双等号用来判断。我之所以提起这个是因为每个程序员（我确定指的是每一个程序员）某些时候都会在 if 语句中使用单等号进行判断操作，因此他们的程序会得到很多奇怪的结果。你也会犯同样的错误，但我希望提前为你打个预防针。

第三，Python 忽略空行、空格（当然，除了在交互式情景及缩进块内的状况）和注释。这一点很重要，因为你可以随意标注你的代码，以便提高它们对于其他程序员的可读性，即便是你以后读自己的代码也是一样。

注意 在 Python 中，注释通常以 # 开始，程序会忽略 # 后的一切内容。

代码的可读性是一个很重要的因素，希望你能定期回忆我这句话。你是希望试着调试先前编写的代码，还是按照以下方式编程：

```
x='this is a test'
if x=='this is not a test':
    print"This is not "+x+" nor is it a test"
    print 89*2/34+5
else:
    print x+" and I'm glad "+x+str(345*43/2)
print"there are very few spaces in this program"
```

虽然没什么乐趣，但你可以很清楚地看懂第二种书写方式的内容，在读完类似的上百行没有空格、空行或者注释的代码后，你的眼睛会感谢自己，相信我。让我们看看使用空格后倒数第二行发生的变化：

```
print x + " and I'm glad " + x + str(345 * 43 / 2)
```

你可以随意使用空格。

关于 if 语句，我最后想说的内容是关于布尔操作符的。在一个判断正误的测试中，X and Y 正确意味着 X 和 Y 都正确。X or Y 正确则意味着 X 或者 Y 正确，not X 正确意味着 X 是错的。Python 中使用关键词进行布尔运算，而不像 C 或者 C++ 中使用 &&、||、! 操作符。好好学习这些操作符，它们会变得十分顺手的。

3.5.2　循环

通常，程序从头至尾每一行执行一次。然而，一些特定的语句可能会使程序执行的顺序从一点跳到另一点，这些控制流语句（control-flow statement）包括 if（then）语句和循环。

最简单的循环语句可能是执行很多次的一段代码，例如：

```
for x in range (0, 10):
    print "hello"
```

之后会输出：

```
hello
hello
hello
hello
hello
hello
hello
hello
hello
hello
```

也可使用 for 循环遍历字符串，或者是一个列表：

```
for x in "Camelot":
    print "Ni!"

Ni!
Ni!
Ni!
Ni!
```

```
Ni!
Ni!
Ni!
```

或者遍历字符并输出遍历的内容：

```
for x in "Camelot":
    print x
```

```
C
a
m
e
l
o
t
```

　　尽管 Python 中 for 循环的语法和 C 或 Java 中的有些不同，不过一旦你适应了它们，就可以得心应手地使用这种语法了。

　　第二种循环语句是 while 语句。这种语句判断一个状态，只要状态正确就会继续执行缩进框内的程序，例如：

```
x = 0
while (x < 10):
    print x
    x = x + 1
```

```
0
1
2
3
4
5
6
7
8
9
```

　　可能与你想象中的有些不同，这段代码绝对不会输出"10"，因为 x 输出之后才会进行加 1 操作。在第 10 次循环过程中，翻译器输出"9"之后 x 增加到 10。而此时 while 条件不再为真，因此缩进框内的代码也不会被执行。

　　如果你正等待一个特定事件的发生，如按键按下或者用户按下"Q"退出的操作，while 语句就十分有用。让我们看看接下来的例子：

```
while True:
    var = raw_input("Enter something, or 'q' to quit):
    print var
    if var == 'q':
        break
```

这段代码中有两点值得注意：第一，在 Python 2.x 版本中，raw_input 命令用来得到用户的一个输入，而在 Python 3.x 中，该命令则改为简单的 input 了；第二，记得使用 break 命令，这条命令会跳出当前循环。所以在这种情况下，while 中循环的部分会永远循环，但当检测 var == 'q' 返回值为真时，程序会退出当前循环并结束程序。

3.5.3 函数

函数可以让程序员编写的代码重复使用，从而大大提高我们的工作效率。通常，如果你发现代码中某些功能需要执行很多次，这个功能很有可能需要改写为函数。

假设你编写了一个简单的程序来计算矩形的面积和周长。用户输入矩形的长和宽，之后程序进行相应的计算。实现这个功能最简单的方法是编写一个带参数的函数，其参数分别为矩形的长和宽。之后函数将矩形的面积和周长返回给主程序。为了实现这个函数，我们用 def 赋值语句进行编写。def 赋值语句是我们定义一个函数的方法，其语法为 def functionname (firstparameter,secondparameter):

```
def AreaPerimeter (height, width):
    height = int(height)
    width = int(width)
    area = height * width
    perimeter = (2 * height) + (2 * width)
    print "The area is:" + area
    print (The perimeter is:" + perimeter
    return
while True:
    h = raw_input("Enter height:")
    w = raw_input("Enter width:")
    AreaPerimeter (h, w)
```

这个小程序需要你提供一些参数并返回计算的结果。可能这不是最好的例子（你可以用更少的代码计算出结果），但却很好地阐述了代码复用的思想。通过

这个函数，你就明白：在程序的任何位置，只要你需要计算面积或者周长，调用
AreaPerimeter 函数并赋给参数 "height" 和 "width" 值即可。

在此需要注意一点：raw_input 函数会返回一个字符串，即便你输入的是数
字，返回的也是字符串类型的值。这也就解释了为什么在 AreaPerimeter 函数中
height 和 width 变量在计算前必须要进行 int 转换。

如果对其他语言比较熟悉的话，你会发现 Python 的函数与其他语言的函数在方
法、功能和步骤方面都有一些不同。例如，在 Python 中，所有的函数都是按引用
进行调用（call-by-reference）。不需要太过专业的术语，简单而言，这意味着当你给
函数传递一个参数时，你只是将一个指针传递给一个变量，而不是传递数值。这种
方式使得 Python 的内存管理更加方便。例如，当你在函数中一遍又一遍地传递列
表参数时，不需要复制整个列表的内容。具体而言，当一个函数将一个列表作为参
数时，你传递的只是列表首元素在内存中的位置，之后函数基于首元素的位置再查
找剩余项。

函数另一个有意思的方面是：它们都是可执行的语句。这意味着一个函数实际
上可以在 if 语句中声明和调用。虽然并不是很常见，但是这样声明和调用是合法
的（有时也十分有用）。def 语句可以嵌套在循环当中、其他的 def 语句中，甚至列
表和字典里。

我们会在进行具体项目时回顾函数部分。现在只需要知道它们的存在，并知道
它们对你自己编写的每个程序都很实用即可。

3.5.4 对象和面向对象编程

在本章中，最后一件重要的事情是其与生俱来的执行面向对象代码的能力。面
向对象编程是一个较为高级的话题，可能不在本书讨论的范围之内。但我认为这是
一个十分重要的话题，不可轻描淡写，一带而过。

OOP 是一个程序数据被分为对象和函数（或方法）组合的范例。一个对象就是
一个数据结构，通常是一组数据类型的结合，包括整型、字符型或者其他的数据类
型。对象通常是类的一部分，与类中的方法相关联，并通过方法操作。

也许解释这部分最简单的方法就是使用 shape 示例。在这个例子中，一个

shape（形状）是一个对象的类。类中有值，例如 `name`（名称）和 `numberOfSides`（边数）。这个类也有相关的函数，如 `findArea`（计算面积）或者 `findPerimeter`（计算周长）。

shape 类有很多子类，子类描述的内容更为具体。一个 `square`（正方形）是一个 shape 的对象，它的 `shapeType`（形状属性）值等于 `square`，`numberOfSides` 值等于 4。它的 `findArea` 函数接受 `numberOfSides` 值，并将该值的平方作为返回值。同时，一个 `triangle`（三角形）对象也有不同的 `name`、`shapeType`、`numberOfSides`值和不同的 `findArea` 方法。

这个例子不仅简单介绍了对象的概念，也阐述了继承的概念——OOP 的一个组成部分。`triangle` 对象从它的父类 shape 类继承了 `name`、`numberOfSides` 和 `findArea` 部分（虽然这几个部分都具有不同的值或者实现方法）。如果一个对象继承于 shape 类，它也会继承那些部分。即便它不需要用到那些部分，它还是会包含这些部分。它可能会增加一些其他的部分（例如 `circle`（圆形）对象可能会有 `radius`（半径）值），但它也会包含其父类的那些部分。

如果你在编程中用到这些类，相对于 C++ 或者 Java 而言，Python 更容易理解。无论属性是一个对象或是一个方法，你都可以按照接下来的语法结构进行命名：`object.attribute`（对象.属性）。如果你有一个叫作 `holyGrail` 的 `circle` 对象，其半径值用 `holyGrail.radius` 来表示。一个名为 `unexplodedScotman` 的正方形，其计算面积的函数用 `unexplodedScotsman.findArea` 来定义。

如之前所述，OOP 的内容超出了本书涉及的范围。但像函数这些概念却十分有用，尤其是在很长很复杂的程序中。在学习 Python 的过程中，请自由地进行探索吧。你会发现 Python 也是一门功能丰富的语言，它甚至允许你完成其他高级编程任务。

3.6 总结

在本章中，我对 Python 进行了简短但很实用的介绍。以其历史作为开始，之后介绍如何与 Python 提示符进行交互，帮助你学习了一些内置的数据类型，并介绍了使用编辑器编写脚本程序的方法。你不用担心一次无法掌握如此多的信息。还有很多需要学习的东西，我会在本书的其他项目中介绍。与此同时，有数以千计的关于 Python 的书籍和课程可供选择，所以如果你想了解更多，可以自由地在网上和你当地的书店挖掘。

在下一章，我们将开展电子知识大科普。毕竟你要完成一些项目，在进行项目之前，你需要对电器、电源、各种电子产品和小零件有一个基本的认识。

Chapter 4

第 4 章

电子知识大科普

我想你购买这本书的目的主要有两个：一是学习使用 Python 进行编程；二是熟悉树莓派设备。此外，你一定也想创建一些很棒的项目，学到树莓派如何运行 Linux 系统，如何利用 Python 同树莓派以及各种附加组件进行交互。

当然，我们一定会去完成那些内容的，但在那之前，我需要对一些必要的前期准备进行说明，即电和电器、工具、安全规划以及如何进行的规则。这些话题也许不是最有趣味的，但任何一本包含创建电子项目的书籍都至少应该包含一章讲述关于欧姆定律和如何焊接的知识。实际上，被一个 9V 电池电击身亡是完全有可能的（详情见"达尔文奖"部分）。更何况我不希望因为我没有做充足的安全指导，导致读者受到任何身体上的伤害。所以各位读者，请至少浏览一遍本章的内容，如果提供的信息对你而言比较新颖的话，请做些笔记。读完本章之后，如果你感觉需要穿着像图 4-1 一样来保护自己，也是可以接受的。

达尔文奖

如果你没听说过达尔文奖也没关系。达尔文奖是一年一度的幽默奖项，颁给那些由于自身的愚蠢使得自己成功移除人类基因库的人们。过去的获奖者包括：从变电站偷铜线被电死的小偷，在高速路上与乘客互换位置的司机，以及将罂粟种子注射进静脉的吸毒者等。

9V 电池触电事件发生在一名海军水手身上。当时他正试图测量自己身体的电阻值。他将 9V 万用表的探针刺穿他的拇指，这样使得血液成了理想的导体，电流迅速到达他的心脏，电击致使心跳中断并最终导致死亡。

你可以在 www.darwinawards.com 获得更多关于达尔文奖的信息。

图 4-1　实验室安全装备

4.1　基本电路常识

……并且他说，"应当有一个定律，这个定律是欧姆定律，其内容是 $V = I \times R$。"

好吧，我知道这话有些俗，但欧姆定律的确是每一个电子机械学生第一个学到的定律，它影响着你在电世界里的每一项活动。欧姆定律意味着在一条电路中的总电压（V，单位是伏特）等于总电流（I，单位是安培）乘以总电阻（R，单位是欧姆）。I 代表电感（Inductance），这也就解释了为什么用 I 而不是 C 来表示。所以如果 0.045 安培的电流流经一个 200 欧姆的电阻，电阻上的电压值等于 9V。如同任意优秀的代数方程一样，其形式是可变的：

$$V = I \times R \quad I = V \div R \quad R = V \div I$$

电路中另一个重要的变量是功率，用 P 表示，单位是瓦特。功率等于电压乘以电流，电压的平方除以电阻，或者电流的平方乘以电阻。如果这样表述有些困惑，图 4-2 更好地阐述了它们之间的关系。

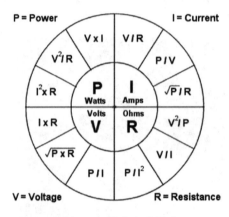

图 4-2 基本电路等式

解释不同的电路，最常用的方式是通过用水和不同尺寸的水管举例说明。在"水电路"中，水的能量由水泵提供。相对应到电路中，电的能量由电源提供的。在水电路中，水泵在低压状态下取水，随着压力逐渐增大，将水送至水电路各处。在一个实际电路中，电源提供"低压"电压，增大电压，便将电传送至电路各处。在两种情况下，无论是电的流动还是水的流动，电流都在电路中循环流动。电路中的电阻类似于水管的粗细程度。如果水管很粗，则它对流经的水的阻力就很小。在一个电路中，如果导线的阻值很低，其流经的电子就很自由。这时，便影响功率。

随着电流和电阻的增加，功率也有所提高。可以将功率想象成电的"移动速度"。设想一下软管末端有一定量的水在流动，而你将手指捏住末端，增大其阻力，水的流速自然会增加。因此，增大电路中电阻的阻值也自然会增大功率。当然，这样会产生一些副作用。部分阻断一个软管的末端会增大软管内部的摩擦，因此产生更多热量。同样，增大电路的电阻通常意味着产生更多的热量。热对电路来说不是好事，尤其是对于那些稍微脆弱的部件，比如集成电路（integrated circuit，IC）。很多电子器件都会发热（由于内阻或其他原因），因此经常都内置散热器来散去产生的热量。

　　简单来说，电的产生无非就是电子在导线或者其他的路径内的前后移动。这种路径通常都是内阻最小的路径。当有两条可选择的通路时，电子会选择最轻松的一条，无论是通过导线、螺丝刀或是人体等。你只需要确保和这些电子们打交道时，最轻松的一条通路不是你的身体即可。但这不是每次都能做到，我已经被吓了无数次了（除了我已经经历的电池和电源的多次电击外，实际上我已经被雷电击中了 3 次）。一名尽职尽责的实验员应当尽量减少这些事故的发生，因为没有什么可以比那些造成更大的伤害了！橡胶手套可以解决一些问题（尽管一直带着橡胶手套有些不太现实），橡胶靴子或者胶底鞋也会起到一定作用。橡胶靴子虽然外观时尚，但最主要是因为电子总是要回到地面。这个“地面”可能是一个低电势面，像电池的负极；一个底盘地面，像汽车的发动机缸体；或者是实际的地面，称之为大地（earth ground）。你和地面之间的橡胶屏障阻止这些电子通过你的身体。

　　你了解了这些电的基本常识之后，让我们来讨论一下在项目中会用到的工具。

4.2　开发所需要的工具

　　所有的工程师都需要优秀的工具，作为初出茅庐的爱好者／实验者／工程师，你也不例外。那种陈列在你厨房旧抽屉里的“一端凹陷、一端翘起”的起子可能很容易便将墙上的钉子撬下来，但如果你在项目中使用这个工具，那就是自找麻烦了。同样，当你在紧要关头试图在微小的开口内将红色电线剪断时，一对切口很大的剪线钳便派不上用场了。因此，为了做出很新颖的东西，你同样需要优秀的工具。接下来的几节内容将介绍你可能会用到的必要工具。

4.2.1　螺丝刀

　　你需要一套小巧精致的螺丝刀。多花 10 美元你就能买到一套质量好且耐用的工具，优先选择那些硬化钢材质的螺丝刀。这组工具至少应该包括 3 个一字和 3 个十字螺丝刀，一字螺丝刀大小从 3/64 英寸⊖到 1/8 英寸，而十字螺丝刀则应包括 #0

　　⊖　1 英寸等于 2.54 厘米。——编辑注

和 #1 两个尺寸。一把好的螺丝刀物有所值，因为它不太可能会损伤到螺纹，当不能吸住螺丝时，也不会对工具的前端造成损伤。

另外，确保你手边有一把通用的常规尺寸的一字螺丝刀，以及一把 #2 尺寸的十字螺丝刀。因为你不仅要对那些微型尺寸的螺丝进行操作，还会经常组装 / 拆卸普通大小的螺丝。我建议你买一个棘轮螺丝刀，它上面有一套不同的钻头，可以满足大多数项目的需求。

4.2.2 钳子和剥线钳

同样，你应该多花些钱购买好的钳子和剥线钳，毕竟一分钱一分货。你一定会需要一副尖嘴钳（如图 4-3 所示），因为它同时可起到镊子或者掰弯其他部分的作用。

图 4-3 尖嘴钳

虽然我不是很支持这种做法，但你也许会就此摆脱常规的钳子。好好使用你的钳子，你会大有收获。当钳子腿之间有空隙或者钳子未能正确地合上时，你很难用它来掰弯或者剪断电线。

你还需要一些剥线钳。的确，你可以用钳子小心翼翼地分离导线的绝缘层并将它们剥离开，但当你不得不反复进行剥线操作时，你便需要一个剥线钳，这会使乏味的工作变得异常迅速。准备几把剥线钳可以省去很多麻烦。如图 4-4 或图 4-5 所示的剥线钳都很适合你（确保你知道如何使用这些工具）。

实际上这两种剥线钳我都在使用，尽管我比较青睐图 4-4 中的剥线钳，因为有不同线宽可供选择，但我经常会遇到线宽不规则的导线无法对应到图 4-4 所示的剥线钳的孔径。这时候就需要用到图 4-5 所示的剥线钳了。它们使用起来要快得多，如果你需要一次剥掉很多电线，就会体会到它既高效又方便。

图 4-4　第一种剥线钳

图 4-5　第二种剥线钳

4.2.3　剪线钳

你需要用到两种剪线钳：常规剪线钳（如图 4-6 所示）和精细剪线钳（如图 4-7 所示）。

常规尺寸的剪线钳非常适合日常工作，但较小的剪线钳在必须剪断细小、断裂的焊点或 24 号导线磨损的端部时非常有用。

图 4-6　剪线钳

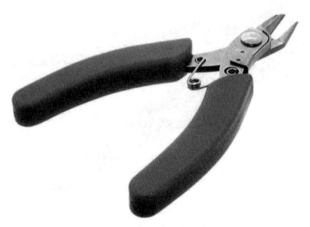

图 4-7　精细剪线钳

4.2.4　锉刀

在锉刀方面，你不需要任何花哨的东西，只要一套具有不同切口或粗糙度的小锉刀。精切口可以用于在焊接之前使接缝变粗，或在插入实验板之前从电线末端移除一点焊锡，而粗切口可用于重塑金属和塑料外壳、增加孔的尺寸，以及各种其他任务。

4.2.5　放大镜灯

你会处理很多细小的事物，从电阻到电线再到舵机的连接，眼睛会迅速感到疲惫。一台可进行调节的带放大镜的台灯能为你提供很大的帮助。我使用的那种放大镜灯最初是为珠宝首饰商设计的，与一般的放大镜灯的区别是：当我在处理微型部件时，部件不会失真（见图 4-8）。

图 4-8　放大镜灯

4.2.6　热胶枪

某些情况下，你需要将一个东西粘到另一个东西上（比如连接两个舵机，或者将印制电路板（printed circuit board，PCB）连接到机器人平台的躯体上），这时螺钉或者螺栓就不太灵活了。最佳的解决办法是采用热胶枪。热胶在黏合各种设备上效果非常好，例如木材连接塑料，塑料连接塑料，木材连接金属等。

4.2.7　各类胶水

说到胶水，你可能最先想到的不是热胶枪的胶，而是其他各种胶水。强力胶是必需品（最好买一个牌子比较出名的强力胶，而不是随便买一种），因为它是一种工业级黏合剂。我也想到了五分钟速干的环氧树脂和橡胶水泥，最近发现大猩猩胶水（Gorilla Glue）是至今最好用的胶水之一。你也有可能会使用到那些冷焊棒———一根当你在混合两种类似于与腻子一样的物质时会用到的东西，混合后会形成一个"黏土"一样的硬度很高的结构。

最好在这个列表里加入"胶带"：普通的透明胶带、双面胶、遮蔽胶带、绝缘胶带，当然，还有管道胶带。

4.2.8 万用表

万用表用来测量电路的各个不同部分：某一点的电压值、电流值，以及电阻值（如图 4-9 所示）。购买指针版本或数字版本都可以，但要买一个好一点的万用表。因为一台好的万用表非常有用。它可以用来分析电路是否短路，确保你提供了正确的电压，并表明电路中两点间具体的电阻值。

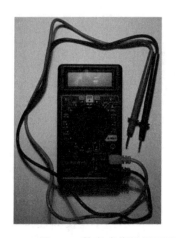

图 4-9　数字或指针的万用表（©www.digimeter.com）

在选择万用表时，确保它可以测量直流和交流两种电压，因为你很有可能在某些情况下同时使用两种电压。同时，也应该可以测量电阻值以及连续的量（如电流值）。然而，最重要的特性是易于使用。如果你不知道如何使用万用表，那你就不会使用它，从而也就失去了一个很重要的工具。因此，准备一款合适自己的万用表，再花些时间好好读读手册学习使用万用表，你会大有收获。

4.2.9 电源

涉及实验或者项目的电源时，可供选择的电源比较少。很明显，你会经常使用电池或者电池组，这在之后的每一个具体的项目中会谈到。然而，当涉及供电原型或者仅仅是确定一个特定的配置工作时，你就不能用错电源适配器——现如今所有的电子设备上都可见到交直流转换器（AC-to-DC converter）。

　　你可以在电子商店买到我推荐给你的合适的壁式电源适配器，你也可以去当地的旧货店。在某个被电子设备掩埋的地方，你可能会发现一个装满废弃电源的箱子，每个大约 1 美元左右。你既可以将接头剪断以便将其插入你的实验板内，也可以找一个如图 4-10 所示的适配器。

图 4-10　电源插头适配器

　　我试着在每次看到电源时都会买一些，或者当家里的一些设备没用时就把电源保存下来，因此我有各种电源。最好是收集一些 9V 或 12V，不同电流输出的电源，因为这些是常用电压的范围。例如，如果你的设备在 12V 电压下正常工作，这意味着它很有可能在你的车里也会正常工作。如果你遇到一个不常见的电源，如交流变压器，一定要保留它——它可能会派上用场！

4.2.10　实验板

　　实验板也是必备的工具，因为你可以将各种电子器件放到实验板上并观察它们是否正常工作。你可以准备一个功能齐全的实验板，有电源接口、测量仪器，以及各种音响喇叭等外放设备（如图 4-11 所示）。

图 4-11　原型试验板设置

或者，你可以准备一个比较旧的版本，如图 4-12 所示。

图 4-12 模拟实验板

无论用哪一个，都要确保你可以将电子器件（如电阻或集成电路）置于实验板中，并用跳线将其连接起来。随着技术的提高、兴趣的扩展，有一天你的实验板会像图 4-13 所示的那样，请做好准备。

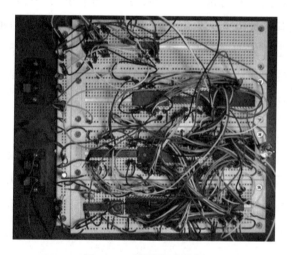

图 4-13 糟糕的实验板

我猜你正试着梳理那团电线，虽然我帮不了你，但我认为你可以办到——真的。

4.2.11 插线板

你需要一个插线板，但不是很复杂的那种。插线板可以将所有的电器（包括台灯、电烙铁、树莓派等）全部接到一个插线板上，这样当故障发生时，你便有了一个安全的中止方式。只需在开关上轻轻一按，一切设备都会停止工作。如果条件允许的话，最好买一个内置浪涌保护器的插线板。

4.2.12 电烙铁

在你的工具清单上，另一项至关重要的工具应该是电烙铁，而且这是一件你不应该计较成本的工具。在附近的百货商场买 9.99 美元的电烙铁可能对维修房屋周边的电路绰绰有余，但对于一名严谨的工程师 / 爱好者而言，你需要一个质量优秀、温度可调的电烙铁。我目前用的是 Weller WES51 型号的电烙铁（如图 4-14 所示）。

图 4-14 焊台

这是我在电子产品上花的最值的 100 美元。买一台带支架的、温度可调节的电烙铁，你会大有收获。相信我：如果你在焊接的时候选择合适的温度融化焊锡，这样就不会因为温度不合适损坏电路板，或者当你使用较高的温度移除一个坏点时，你的工作也会顺利很多。

着手买一台电烙铁时，别忘了买一些焊接配件。你应该配备一个焊料吸盘（一台手持的真空泵，可以用来移除焊点多余的焊锡），以及一台辅助焊接工具（如图 4-15 所示）。

当你需要两只手来拿住导线，又需要另外两只手来焊接这两根导线时，你可能会请你的妻子过来帮忙，通常，这会一次又一次地烫伤她的手指，你的孩子也可能吓得东躲西藏。如果有这台辅助焊接工具，就会很有帮助。你甚至可以自己用硬铁丝、鳄鱼夹和木架子做一台类似的工具。

图 4-15　辅助焊接工具

4.3　一般的安全规则

　　这里，我会像你母亲一样唠叨你并嘱咐你注意安全。虽然本书介绍的项目都是相对安全的，但你仍会面对一些可能会严重伤害到你的零部件。例如，你所使用的电烙铁平均温度为 450°F（232.2℃）。热胶枪，即便是在低温的范围，也会有 250°F（121.1℃）左右。虽然编程相对安全，但你也会进行一些可能造成切伤、钻伤、磨伤以及其他严重伤害的任务。所以，请认真对待这节安全宣讲课。

4.3.1　认真对待温度

　　一定要对你周边的工具或者零件的温度时时保持警惕，这些温度会变得非常高，因此你理应记住哪些会升温并分别妥善对待它们。我之前提到过，电烙铁的温度可以达到 450°F（232.2℃）。而融化的焊锡也会到达 350°F（176.7℃），这也就意味着你刚焊接好的部件也是非常热的！因此，当你焊接完毕之后，等待数秒冷却，再确定焊接的是否牢固。使用热胶枪时，至少要等到热胶冷却到凝胶状方可触摸。以我个人经验而言：使用热胶枪最糟糕的事情是当热胶粘到你的手指上时你根本无法甩掉。相反地，它会停留在你手指上并嗞嗞作响。

4.3.2 认真对待锋利的物体

这是一句老生常谈的话，但当你面对着锋利的工具时，你也应该做好如下的安全防护措施：

- ❑ 切口端远离你的身体
- ❑ 保持刀具的锋利

切口冲向自己，即便是非常小的切口，都可能会引起不必要的麻烦。当一把 X-ACTO 刀打滑的时候，你可能会不慎"切腹自尽"（hara-kiri），或被送进急诊室进行缝合。相信我，缝针并不是闹着玩的，尤其是当医生向切口注射麻醉剂的时候。如果你不幸被完全切掉一节手指，机器人实验的困难程度会立即提高 10%，因为你将只能使用 9 根手指而不是 10 根（切掉了 10%）。

保持你的刀具锋利，因为每一个厨师都知道，不锋利的刀是非常危险的。如果刀刃不锋利，那就换一个新的，对于 X-ACTO 刀具也一样。一把刀口很钝的刀片更容易打滑并切伤你，然而无论是用于切割何物，一把锋利的刀都只会切得更深。

4.3.3 戴安全镜

准备一副安全镜或者护目镜。这点不可忽略——在做任何实验之前，你都需要准备一副。保护好眼睛很重要，剪断钢丝时飞出的金属或是砂轮摩擦出的火花都有可能伤害你的双眼。如果你已有的护目镜不是很舒服，就换一副——相对而言，你更可能会佩戴一副舒服的护目镜。虽然大多数人喜欢那种有松紧带绷紧于脑后的护目镜，但我更倾向于安全镜，因为它们不会掉下来。无论你喜欢哪种，好好照顾它们避免划伤和破损，并且在工作的时候带上它们。

4.3.4 准备好灭火器

让我给你讲一个小故事。我在第一次进行树莓派移动机器人项目时，使用了锂聚合物（LiPo）电池。这是一个 11.1V、1300mAh 的电池。当时我正将其连接到我的伺服电机，我通过一个鳄鱼夹将正负极短接了。

突然，一声巨响！之后火花四溅，电池开始迅速升温，包装开始膨胀。经过短暂思考，我将连接正负两极的鳄鱼夹断开，并将电池扔到地板的中央，往电池上泼了一杯水。我勉强逃脱了爆炸。后来我发现，那些锂电池的威力相当大。

我讲这个故事的意义在于：我当时用的是一杯水，但实际上我旁边就有一个灭火器，如果有需要的话我会立即使用灭火器，我建议你也在身边配备这样的灭火器。它们并不贵，而且一旦发生火灾，它们很有可能会挽救你的房子或是工作间。因此，准备一个灭火器，并确保它能正常工作。

同样，在使用之前，你需要了解如何使用灭火器。把它想象成：当你徒步于阿拉斯加的荒野，并需要抵御一只熊时的防熊喷雾剂。你在出发之前，一定要熟悉防熊喷雾剂的使用方法，因为当你被一头发怒的灰熊所追赶时，你很难辨识方向。灭火器也一样——当你的车间变为翻拍火烧摩天楼的现场时，你很难阅读说明书并按照指示进行操作。因此，要熟悉灭火器的使用方法，但我希望你永远不会用到它。

4.3.5 在手边放置一个急救包

尽管这点毋庸置疑，但在手边放置一个急救包真的很关键。你并不需要一套完整的为南极科考队准备的一级应急包，只需要一套小的、工具齐全且方便拿到的急救包。急救包内应含有一些创可贴、酒精、棉签以及其他杂物。当你流血时很难去进行焊接工作。

4.3.6 在通风的环境下工作

你需要记住的另一个重要细节是：当你工作时，尽量保持工作间通风良好。因为当你在进行打磨、喷漆、锯以及一些其他的工作时，工作间（以及你的肺）有可能被一些有害物质所充斥。例如，你使用油漆的频率可能不足以担心油漆味，但你一定会被焊锡所释放的烟雾所困扰。焊锡中含有铅（虽然并不多，但是确实有一些），铅是有毒的。如果你经常吸入大量的铅，可能会导致铅中毒。症状包括腹痛、昏迷、头痛、烦躁等。严重的可能会导致癫痫甚至死亡，而且很明显，这些情况都不利于机器人实验的进一步进行。

即便你在焊接的过程中不会发生摄入过多的铅导致中毒的状况，但也要注意，它是有毒的。不要吸入那些焊锡所释放的烟雾，并在接触到被焊接的部分之后彻底洗手。你最好工作在通风的环境下，室内窗户常开，或者至少要常开风扇。有的实验者通过挂起一台旧电脑风扇并配备一些软管来解决烟雾的问题。

4.3.7 整理好你的工作环境

当你要购买一些额外的实验工具、零部件、芯片、电路板，以及其他东西的时候，你需要一种有效的方式对它们进行整理。将工作环境收拾整齐可以避免零件掉落引起的危险，因为将每一样物品整齐的存放起来可以减少工作环境的危险程度。

至少，你也可以买一些不同尺寸的三明治袋子，这样你可以将不同尺寸的零件分开，但当你依旧无法收拾整齐时，请设计一下存储方案。我在当地的工艺品店买了很多珍珠首饰盒子，因为很多电阻和 LED 灯和珍珠的尺寸都是一样的。我的一个存储区域如图 4-16 所示，而另一个存储区域如图 4-17 所示。

图 4-16　小部件存储区

图 4-17　项目存储区

请注意，在图片中有很多标签。给自己买个标签机吧！这也是我买到的最棒的东西之——你可以给抽屉、电源、线甚至孩子们贴上标签……标签的功能真是太多了。而且，一旦你开始工作并且一次有多个项目在进行时，你可能会发现按项目划分比按部分划分更容易，至少在某些时候是这样。有些东西，比如开关，无处不在，但我知道，无论怎样忙乱，我都可以找到所有的部分，我一直都在与这些盒子工作。

我必须在这里补充一点，当谈到商店时，特别是在工具方面，请查看 Adam Savage 的测试系列。在许多视频中，他解释了如何组织他的工具以及如何建造储存设备的容器。即使你只使用厨房后面的一个小角落，他的测试也会给你很多启发和灵感。

尽量保证工作环境的整洁。这样不仅在你需要找东西时能很方便地找到，而且也会尽可能避免当你拿着 X-ACTO 刀的时候被电源线绊倒。记住，无论是工具或者零件，用完后记得放回原处。（这是另一件你需要按照我说的去做，而不是按照我做的去做的事情。你可能会在本书中看到很多关于我工作时的照片，我不能保证每一张里面的工作环境都是很整洁的。当我工作的时候，我倾向于把所需的东西散开。我想你应该懂我的意思。）

4.4 福利：焊接技术

本章最后，我会就如何进行焊接给出一些小技巧。焊接既是一门艺术也是一种技术，而且它确实需要练习。如果你之前进行过焊接，第一个焊点应该会凹凸不平，非常难看，但如果你坚持下来，进步会非常快。当你在进行真实的项目时，几个小时焊接元器件的练习就可以使你发生很大的改变。

焊接基本上可以分为四个步骤：准备好你的焊接面，如果有必要的话上锡，将两部分连接，加热部件。

1. **准备焊接面**：如果你准备将导线焊接到其他导线或者另一个平面上，剥去导线绝缘层半英寸左右，将露出的铜丝捻在一起，使其成为紧凑的一截。其他的金属材料可能需要进行清洁，如果表面太过光滑，用砂纸打磨一下会使得焊接操作更容易进行。

2. **如果有必要的话上锡**：对表面上锡的操作仅仅是在焊接操作之前将一小部分

焊锡熔在焊接面上。例如，在将导线焊接到 IC 元器件的引脚时，这步操作就很有必要。对导线上锡时，用电烙铁在导线底部加热，将焊锡置于导线的顶部。当导线不够热时，焊锡便会熔化并依附于导线了。

　　3. **将两部分连接**：如果允许的话，将被焊接的两部分机械地连接在一起——将导线捻在一起，绑住 IC 元器件的引脚等。如果不管用的话，你的辅助焊接工具就发挥作用了——用它将被焊接的两部分固定。

　　4. **加热部件**：将烙铁头清理干净，边加热焊点边送焊锡。当焊点足够热时，焊锡会自动熔化并流至焊点处。

　　最后一步可能是最重要的一步。烙铁的前部要保持干净。在你完成一次焊接并开始下一次焊接之前，要养成在湿海绵上清洁烙铁头的习惯。干净的烙铁头能更好地导热。你应该加热焊点，而不是焊锡。不要将焊锡熔至烙铁前端再抹至焊点处——这样你可能会焊了一个冷焊点（如图 4-18 所示），这种焊点不会很牢固。记住：加热被焊的部分，而不是焊锡。如果你不能将焊点加热至焊锡会熔化的地步，你可以在触及焊点之前，先熔化一部分焊锡至烙铁前端，因为焊锡导热更高效。最终的焊点应该如图 4-19 所示。

图 4-18　冷焊点，注意没有完全连接

图 4-19　好的焊点

再次强调，不要因缺乏焊接技巧而过分焦虑。只要稍加练习，你就会像专家一样焊接电路。

除了多练习焊接外，最佳的学习方法是去多看。Makezine 是一个提供各种信息的在线博客，有几篇讲述如何学习焊接的好帖子。详情请见 `http://makezine.com/2006/04/10/how-to-solder-resources/`。

4.5　总结

在简单介绍一些基本的电气常识之后，你学到了一些实验室常用的电器工具的用途，以及如何安全地使用它们。我也介绍了一些焊接的技巧，也提供了一些更好的学习资源。

让我们带上我们的工具进入项目吧，下一章将开始一个简单，而且不需要太多工具的项目——网络机器人。

第 5 章 *Chapter 3*

网络机器人

任何一个整日泡在网上的人都会告诉你，网上有许多有用的信息。根据谷歌的索引，2013 年有 40.4 亿个网页，那时如此，如今更甚。确实，其中许多网页可能是关于猫的图片，或是和色情有关的作品，但仍有数以亿计带有信息的网页，这些是有用的信息。据说每个以数字化形式存储的信息片段都存在于互联网上的某处。如果互联网的分布如图 5-1 所示的话，你最终会发现自己很难找到有用的信息。

图 5-1　互联网视觉地图（© 2013 http://internet-map.net, Ruslan Enikeev）

很不幸，没有任何人可以下载并阅读他感兴趣的全部信息。人没有那么高效，我们不得不吃饭睡觉，并从事一些无效率，有时候甚至是无趣味的活动，例如洗澡，为生计而工作等。

但万幸的是，通过编程，我们可以将无聊且重复的工作交给计算机去做，而不必亲力亲为。这就是网络机器人的一项功能：我们可以通过编程让一个网络机器人抓取网页，并按照链接下载文件。这种程序通常称作"机器人"，了解如何编写及使用网络机器人会是一项相当有用的技能。清晨一觉醒来后想看股市行情？让你的网络机器人抓取国际指数并制作成表格等你查阅。想调查英国白色之星轮船公司（White Star Line）在线公布的（泰坦尼克号）所有旅客名单，并试图寻找你的先辈？让你的网络机器人在谷歌中搜索"白色之星"本身，遍历所有相关的链接即可。或者也许你想找 Edgar Allan Poe（美国作家）所有公共领域的手稿，那么在你睡觉的时候，网络机器人便可以帮你找到。

而且 Python 本身就极其适合做网络机器人编程的工作，在这里，网络机器人也称作网络蜘蛛（spider）。只需要下载几个模块，你就可以编写一个功能强大的机器人，从你指定的任何网页开始，按照你的吩咐行事。由于遍历网页和下载信息不属于处理器密集型的工作，因此非常适合由树莓派来完成。当你用常规的台式机处理复杂的计算任务时，树莓派可处理轻量级工作，如按要求下载网页，解析其文本，并按照链接下载文件等。

5.1 机器人礼仪

有一点你需要注意，你构造的功能强大的网络爬虫应该具有一定的机器人礼仪（bot etiquette）。这里的礼仪不是指喝红茶的时候机器人不应该翘兰花指的那种概念，而是指当你通过机器人抓取网站时应该注意的一些细节。

礼仪中的一项便是尊重 robots.txt 文件。大多数网站在其根目录中都有这个文件。这个简单的文本文件包含对机器人和网络蜘蛛的指示。如果网站的拥有者不希望让别人抓取和索引某些网页，他就会在该文件中列出这些网页和目录，那么有绅士风度的机器人就会满足他的要求。该文件的格式很简单，如下所示：

```
User-agent: *
Disallow: /examples/
Disallow: /private.html
```

robots.txt 文件指明了机器人（User-agent:*）不可以访问（抓取）/examples/ 文件夹中列出的任何网页，也不能访问 private.html 网页。robots.txt 文件是网站限制访问某些网页的标准机制。如果你想让网络机器人在所有网站都受欢迎，那么最好遵循以下的这些规则。我将解释应该如何去做。但如果你选择忽略这些规则的话，能预料到你的网络机器人（以及从你 IP 地址发出的所有访问）会遇到被禁止（或被封锁）访问相关网站的情况。

礼仪中的另一项是控制网络机器人请求信息的速度。由于机器人是计算机，访问下载页面和文件的速度要比人快上成百上千倍。因此，如果网络机器人在短时间内发出的请求过多，很可能使配置较低的网络服务器瘫痪。所以，确保网络机器人请求网页的速度处在可控的级别便是件有礼貌的行为。大多数网站的拥有者可以接受每秒大约请求 10 个网页——虽然远远超过人工请求的数量，但不会使服务器瘫痪。通过简单调用 Python 中的 sleep() 函数便可对速度进行限制。

最后，伪造你的用户代理身份（user-agent identity）是个很大的问题。一个网站通过用户代理身份来识别访问者。Firefox 浏览器有特定的用户代理，Internet Explorer 也是，网络机器人也有。由于许多网站根本不允许机器人访问或抓取他们的网页，因此一些机器人的编写者给机器人一个假的用户代理身份，使之看上去像一个正常的网络浏览器。但这并不值得炫耀。你可能永远不会被发现，但这是一个关于尊重的问题——如果你有希望保密的网页，你也会希望其他人尊重你的意愿。其他网站的拥有者也是一样。这只是作为一名优秀的机器人编写者和网民的义务之一。你可能会出于某些目的冒充一个浏览器的用户代理，比如做网站测试或从网站中查找并下载文件（PDF、mp3 或其他格式的文件），但不应该是为了抓取信息。

5.2　网络的连接

在我们开始编写网络蜘蛛之前，你需要明白互联网是如何运转的。是的，究其本质而言，互联网是一个巨大的计算机网络，但这个网络遵循特定的规则，使用特定的协议，我们需要利用这些协议才能在互联网上实现任何一项活动，包括使用网络蜘蛛。

5.2.1 网络通信协议

超文本传输协议（HyperText Transfer Protocol，HTTP）是网络流量封装最常见的格式。简单来说，一个协议就是通信双方（此处是指计算机）就如何通信达成的一个约定。协议的内容包括诸如数据是如何寻址的，如何确定传输期间是否出错（以及如何处理这些错误），信息是如何在起点和终点之间传输的，以及信息是如何被封装的，等等。大多数统一资源定位符（Uniform Resource Locator，URL）的前缀"http"定义了请求网页所使用的协议。其他常用的协议还包括传输控制协议／互联网协议（Transmission Control Protocol/Internet Protocol，TCP/IP），用户数据报协议（User Datagram Protocol，UDP），简单邮件传输协议（Simple Mail Transfer Protocol，SMTP）和文件传输协议（File Transfer Protocol，FTP）。具体使用哪条协议则取决于通信类型、请求速度、数据流是否需要依次进行预处理，以及如何免除数据流产生的错误等因素。

当你在浏览器上请求一个网页时，屏幕背后实际上发生了很多事情。假设你在地址栏输入 http://www.irrelevantcheetah.com。计算机知道使用的是 HTTP 协议，首先便会将 www.irrelevantcheetah.com 发送到本地的域名系统（Domain Name System，DNS）服务器并确定其所属的互联网地址。DNS 服务器会返回一个 IP 地址——假设是 192.185.21.158。这就是域中拥有该网页的服务器地址。域名系统会将 IP 地址与名字进行映射，因为对于我们而言，记住"www.irrelevantcheetah.com"比记住"192.185.21.158"更容易。

现在计算机知道服务器的 IP 地址了，之后便通过三次"握手"与服务器进行 TCP 连接。服务器响应后，计算机请求"index.html"网页，服务器响应，然后关闭 TCP 连接。

之后浏览器通过分析网页上的代码并最终将内容显示出来。如果该网页还需要显示其他信息，例如 PHP 代码或图像的话，浏览器再次向服务器请求这些代码或图像，并按同样的方式显示出来。

5.2.2 网页格式

大多数网页是以超文本标记语言（HyperText Markup Language，HTML）格式进行编写的。它是可扩展标记语言（eXtensible Markup Language，XML）的一种格式，极易阅读和解析，且能被大多数计算机所理解。浏览器通过编程可对描述网页的语言进行解释，并通过某种方式将这些页面显示出来。例如，标签对 `<html>` 和 `</html>` 表示该网页是用 HTML 语言编写的。`<i>` 和 `</i>` 表示其间的文本是斜体字，`<a>` 和 `</a>` 表示一个超链接，通常显示为带下划线的蓝色字体。`<script type="text/javascript">` 和 `</script>` 标签则标志着 JavaScript 的代码，还有其他更复杂的标签将各种语言和脚本括在其中。

由于标签和格式的存在，才使得人们浏览和阅读原始网页变得如此轻松。然而，这些标签和格式也使得用计算机解析网页变得更加容易。毕竟，如果浏览器不能对网页进行解码操作的话，互联网也就不会以现在的形式存在。但你不需要浏览器去请求并读取网页信息——它们只需要在得到页面后进行显示即可。你可以编写一个程序请求网页，读取网页，并且按照网页信息进行预处理任务——所有这些都无须人工干预。因此，你可以将查找特定链接、网页和格式化文档这种时间长、过程枯燥的任务交给树莓派处理，进而交由网络机器人自动完成。

5.2.3　请求举例

为简单起见，我们先访问 `http://www.carbon111.com/links.html`。网页文本相当简单，毕竟这是一个静态网页，而且没有奇特的网络格式或动态内容，其页面信息很可能和下面的形式相似：

```
<HTML>
<HEAD>
<TITLE>Links.html</TITLE>
</HEAD>
<BODY BACKGROUND="mainback.jpg" BGCOLOR="#000000"
 TEXT="#E2DBF5" LINK="#EE6000" VLINK="#BD7603" ALINK="#FFFAF0">
<br>
<H1 ALIGN="CENTER">My Favorite Sites and Resources</H1>
<br>
<H2>Comix, Art Gallerys and Points of Interest:</H2>
<DL>
<DT><A HREF="http://www.alessonislearned.com/index.html"
TARGET="blank">
A Lesson Is Learned...</A>
<DD>Simply amazing! Great ideas, great execution. I love the
```

```
depth of humanity
these two dig into. Not for the faint-of-heart ;)
.
.
.
```

直至出现最终 `<HTML>` 结束标签为止。

如果网络蜘蛛通过 TCP 连接接收到这个网页，首先它会了解该网页是 HTML 格式的，然后了解到网页的标题，并且开始查找：

1）需要查找的内容（如 .mp3 或 .pdf 格式的文件）。

2）包含在 `<A></A>` 标签内链接到其他网页的地址。

网络蜘蛛也可以通过编程使之查找到某一"深度"的链接；换言之，你可以指定机器人是否从当前网页跳转到随后的链接内，或在到达第二层网页后是否应该停止随后的跳转。这是个重要问题，因为如果你跟踪的层数过多，网络蜘蛛可能最终会抓取（和下载）整个互联网——如果你的带宽和存储空间有限的话，这是一个很严重的问题！

5.3 网络机器人的概念

网络机器人背后的概念如下：我们会根据用户的输入，从某一个特定的网页开始。然后确定需要查找文件的类型——例如，我们是否会在公共领域内查找 .pdf 格式的文件？查找我们喜欢的乐队免费版本的 .mp3 文件？最终的选择也将编程写入我们的机器人中。

网络机器人将从起始页开始，解析网页中所有文本。它将查找包含在 `<a href></a>` 标签内的文本内容（超链接）。如果超链接以".pdf"".mp3"，或其他选中的文件类型结束的话，我们将调用 wget（一个命令行下载工具），下载文件到本地目录。如果该网页内所有的链接都不包含我们选择的文件类型，我们将从找到的链接开始，就如同之前那样递归地对每一条链接重复这个查找过程。当我们查找的深度达到我们预期之后，应该会得到一个满是文件的目录了，而这些文件可以待有空时细读。这就是网络机器人的目的——让计算机进行繁重的工作，你只需细品小酒坐享其成即可。

5.4　解析网页

解析指的是当"读取"一个网页时，计算机进行检索的过程。网页的本质不过就是由比特和字节（一个字节是八个比特）组成的数据流，通过解码转换为数字、字母和符号。一个优秀的解析程序不应该只是将数据流转化成正确的符号，还应该可以读取翻译后的数据并"理解"其含义。网络机器人需要能够解析其加载的网页，因为这些网页应该包含机器人需要检索的信息的链接。Python 提供了几种不同的文本解析模块，我鼓励你多进行尝试，但我认为最有用的一个是 Beautiful Soup 模块。

注意　Beautiful Soup 的名字源自 Lewis Carroll（1855 年）编写的 Mock Turtle's song：

Beautiful soup, so rich and green

Waiting in a hot tureen!

Who for such dainties would not stoop?

Soup of the evening, beautiful soup!

Soup of the evening, beautiful soup!

Beautiful Soup（Python 库）经历了多个版本；本书所采用的是版本 4.6.0，在 Python 2.x 和 3.x 中都可以使用。

Beautiful Soup 的语法相当简单。一旦你输入如下安装命令：

```
sudo apt-get install python-bs4
```

将其安装好后，你就可以在程序中使用。通过输入 python 打开一个 Python 程序，并且输入如下内容：

```
import BeautifulSoup
```

如果系统提示 No module named BeautifulSoup 的错误的话，你很可能使用的是 Beautiful Soup 4 版本。在这种情况下，输入：

```
from bs4 import BeautifulSoup
```

然后，继续输入：

```
import re
doc = ['<html><head><title>Page title</title></head>',
```

```
'<body><p id="firstpara" align="center">This is paragraph
 <b>one</b>.',
 '<p id="secondpara" align="blah">This is paragraph
<b>two</b>.',
 '</html>']
soup = BeautifulSoup(''.join(doc)) #That's two apostrophes, one
after another, not a double quote
```

这段代码将按照网页流可能的格式加载名为 doc 的文件——一串长长的字符流。然后 soup 模块会将这些代码加载到一个可以被库解析的文件当中。如果你现在输入 print soup 的话，会看到同输入 print doc 一样的结果。但如果你输入：

```
print soup.prettify()
```

你就可以得到一个可读性更好的网页。这仅是 Beautiful Soup 工具所能完成工作的一个例子；我会在编写网络机器人程序时进行更深入的研究。

题外话：上个例子中你导入的 re 模块是用于对文本中的正则表达式求值。正则表达式，如果你不熟悉正则表达式的话，我再稍微解释一下，它是一种用于研究文本的万能方法，以人们不易读懂的方式鉴别出字符串和字符序列。正则表达式可能看起来非常晦涩难懂，序列（?<=-）\w+ 是正则表达式一个典型的例子，从一个字符串中查找跟在连字符（即"-"）后面的字符序列。现在让我们尝试运用这个表达式，输入 python 打开 Python 程序，然后输入：

```
import re
m = re.search('(?<=-)\w+', 'free-bird')
m.group(0)
```

得到的结果应该是 bird。

正则表达式在文本和字符串中查找字符序列方面非常有帮助，但它们却不是很直观，而且远远超出了本书的范围。我们在这里不做过多研究，你只需知道正则式的存在即可，如果有兴趣的话你可以花时间继续研究。

5.5 利用 Python 模块编码

当编写网络蜘蛛代码时，你可选的 Python 模块有很多。已经有许多开源的网络蜘蛛代码，你可以从中借鉴，但是从底层开始编写网页蜘蛛是一个很好的学习经历。

　　为此，网络蜘蛛需要做如下几件事情：

❑ 初始化 TCP 连接并请求网页。

❑ 解析收到的网页。

❑ 下载找到的重要文件。

❑ 继续查找无意中发现的链接。

　　幸运的是，这些任务中大部分都是很简单的工作，因此编写网络蜘蛛的工作应该是相当明晰的。

5.5.1　使用 Mechanize 模块

　　在提及自动化网页浏览时，最常使用的模块可能是 mechanize 模块，它集简单性与复杂性于一身。简单性指的是使用简单，只需提供几行代码即可，但同时也提供了多数用户用不到的众多特性。当进行诸如网站测试等自动化工作时，该模块是个非常有效的工具：如果你需要用 50 组不同用户名和密码登录一个网站 50 次，然后填写地址信息那么你可以考虑使用 mechanize 模块。它的另一个优点是可以在幕后完成工作的许多环节，例如初始化 TCP 连接及与网络服务器交互，这样你就能侧重于下载文件这类工作了。

　　为了能在程序中使用 mechanize 模块，要先下载并安装该模块。如果你一直按照本书的步骤操作的话，你现在应该仍处于 Python 程序中，但你需要转入一个常规的命令行界面用来执行下载和安装操作。现在你有两个选项：从 Python 模式中退出，或者打开另一个终端会话。如果你偏向于一次只保持一个终端会话的话，通过按下 Ctrl+d 便可退出 Python 环境，返回到正常的终端界面。另一方面，如果你选择打开另一个终端会话，可以让 Python 会话继续运行，这样迄今为止你输入的每条命令都会被保存下来。

　　无论你选择哪种方式，在命令行提示符处，输入：

```
https://pypi.python.org/packages/source/m/mechanize/
mechanize-0.3.6.tar.gz
```

下载完毕后，通过下列命令解压文件：

```
tar -xzvf mechanize-0.3.6.tar.gz
```

并通过输入：

```
cd mechanize-0.3.6.tar.gz
```

转至解压后的文件夹内。然后输入如下命令：

```
sudo python setup.py install
```

只要按照屏幕上的指示进行操作，就可以安装好 mechanize 模块，并随时可以使用。

5.5.2　用 Beautiful Soup 解析

我之前提到过解析操作，Beautiful Soup 工具仍是最佳方案。如果你还没准备好该工具，可在终端上输入：

```
sudo apt-get install python-bs4
```

让包管理器完成准备工作，之后便可使用此工具了。如前所述，一旦你下载好了网页，Beautiful Soup 工具便会负责查找链接，并将链接传递给我们用于下载的函数，或者暂时将其放置一边，稍候再做处理。

然而，最终查找链接以及确定下载内容的工作变成了处理字符串的问题。换言之，链接（及包含链接的文本）只是些字符串，我们对于解决链接及其后续链接，或下载其内容的请求转变为我们对字符串进行的诸多处理工作——工作的范围从 lstrip（移除最左边的字符）到 append，再到 split 及字符串库中各种其他方法。也许网络机器人中最有趣的部分不是即将下载的文件，而是在此之前你必须准备的操作。

5.5.3　利用 urllib 库下载

这部分最后一个难点是 urllib 库—尤其是 URLopener.retrieve() 函数。这个函数用于下载文件，它会自动完成，你不用担心。我们只需要把文件名传给该函数，剩下的由它来完成就可以了。

为了使用 urllib 库，我们必须先要导入该库。如果 Python 仍旧打开的话，将终端界面转到 Python 界面，或者通过输入 python 打开另一个会话。然后输入：

```
import urllib
```

这样我们就可以使用该库了。

urllib 库的使用可以参考下面的语法：

```
image = urllib.URLopener()
image.retrieve ("http://www.website.com/imageFile.jpg",
"imageFile.jpg")
```

传给 URLopener.retrieve() 函数的第一个参数是文件的 URL 地址，第二个参数是将要存入本地的文件名。第二个文件名参数要求遵守 Linux 文件和目录的命名规则；如果你将第二个参数设置为 "../../imageFile.jpg"，则 imageFile.jpg 文件将存储在目录树中当前目录上两级的目录中。同样，如果将第二个参数设置为 "pics/imageFile.jpg"，则会将文件存储在当前目录（程序文件运行的目录）中的 pics 文件夹中。然而，这要求 pics 文件夹必须已经存在；因为 retrieve() 函数不会创建该目录。这点非常重要，因为它会在没有提示的情况下失败。也就是说，如果该目录不存在，你的脚本看起来正在正常运行，但第二天早上你会发现你要下载的两千条记录都没有被保存到磁盘上。

5.6　决定下载的内容

这部分内容很多，因此可能有些困难。不幸的是（根据你的观点不同，也有可能是幸运的是），大量的文件都是受版权保护的，所以即便你发现它是免费的，将它下载下来也不一定是件好事，也不论你找到的是什么信息。

但那完全是另一本书的主题了。目前，让我们假设你正在查找免费的信息，比如公共领域内 Mark Twain 的全部作品。这意味着你可能正在查找 .pdf、.txt，也可能是 .doc 或 .docx 文件。你甚至可能想要将 .mobi（Kindle 电子阅读器识别的格式）、.epub 文件，或是 .chm 文件（.chm 代表被编译的 HTML，常被应用在微软 HTML 格式的帮助程序中，它也经常用于基于 Web 的教科书）纳入你的查找范围。而所有这些都是可能包含你所查找作品的合法格式。

5.6.1　选择起点

下一步你要做的就是选择起点。你可能想说"Google"一下就可以，但只是简单地搜索"Mark Twain"的话，会得到数千万条的查找结果，因此查找的内容最好更有针对性一些。查找前多做些准备，那样会为你（和你的网络机器人）节省很多时间。例如，如果你能事先找到 Mark Twain 作品的在线档案的话，那会是个非常好的开端。如果你正准备下载免费音乐的话，可能希望得到一份包含博客中所有崭露头角的乐队演奏新音乐的文件列表，因为许多新艺术家为了宣传推广他们自身及他们的音乐，会将歌曲放在博客中供人免费下载。同样，关于 IEEE 网络规范的技术文件可以在技术网站，甚至在政府网站上找到，而这些都会比在 Google 上进行宽泛查找的成功率要高，且文件专业性更高。

5.6.2　存储文件

根据树莓派 SD 卡容量的不同，你可能还需要找一个地方来存储下载的文件。SD 卡既充当 RAM，也用于文件的存储，所以如果你使用的是一张 32GB 的存储卡的话，存储 .pdf 文件的空间就很大。但如果你正下载免费的纪录片的话，一张 8GB 的存储卡可能很快就会占满。这时你就需要用到一个额外的 USB 硬盘——完整硬盘驱动器或较小的闪存都可以。

同样，在这里可能会进行一些实验，因为有些硬盘和树莓派的兼容性不是很好。而且现在这些硬盘的价格不是很高，所以我会买一到两个中等容量的进行尝试。目前我正使用的 DANE-ELEC 8GB 闪存（如图 5-2 所示）就没有任何问题。

图　5-2

通过命令行访问外部存储设备时要注意，一个已连接的驱动器，例如一个闪存，可以在 /media 目录下进行访问，也就是说输入：

```
cd /media
```

你就可以在进入的目录内看到你的闪存驱动器了。你可以导航找到该目录并访问其中的内容。你可能会将 Python 程序中保存文件的位置设置为外部存储器——例如放到 /media/PENDRIVE 中，或是存储在 /media/EnglebertHumperdinckLoveSongs 内。也许完成这件事最简单的方法是将你的 webbot.py 程序存放在外存的目录中，然后在同一个目录下运行该程序。

5.7　编写 Python 网络机器人

现在开始编写 Python 程序。以下的代码会导入必要的模块，并使用 Python 的 input 操作（raw_input）获得起始网址（在每一个网址前都加上了"http://"）。然后通过 mechanize.Browser() 初始化一个"浏览器"（带引号的浏览器）。这段代码最终的完整形式在本章结尾列出。你可以从 apress.com 的网站上下载名为 webbot.py 的代码文件。

为了开始编写网络机器人，用你的文本编辑器新建一个名为 webbot.py 的文件，并输入如下代码：

```
from bs4 import BeautifulSoup
import mechanize
import time
import urllib
import string

start = "http://" + raw_input ("Where would you like to start
searching?\n")
br = mechanize.Browser()
r = br.open(start)
html = r.read()
```

之后根据我们即将访问的网站，判断我们是否需要用到一个假的用户代理，但从现在起这段代码就可以工作了。

5.7.1　读取一个字符串并提取所有链接

一旦你得到上一段代码中名为 br 的浏览器对象，你就可以用它来完成各种各样的任务。我们通过 `br.open()` 打开用户请求的起始页，并将该页面的内容读入名为 `html` 的长字符串内。现在我们可以使用 Beautiful Soup 工具读取字符串并且提取其中所有的链接，输入：

```
soup = BeautifulSoup(html)
for link in soup.find_all('a'):
    print (link.get('href'))
```

现在你可以尝试运行这个程序，保存并关闭该文件，打开一个终端，并导航至 `webbot.py` 文件所在的目录，然后输入：

```
python webbot.py
```

启动这个程序，并在程序要求输入起始页时输入 `example.com`。运行的结果应该会输出如下的链接，然后退出：

```
http://www.iana.org/domains/example
```

现在你已经成功读取 `http://example.com` 的内容，提取其中的链接（这里只有一个链接），并将其输出至屏幕。这是一个很棒的开始。

下一步的操作是实例化一个链接列表，并将 Beautiful Soup 发现的其他链接添加至列表内。然后你可以遍历该列表，通过另一个浏览器对象打开每个链接并重复之前的操作。

5.7.2 寻找并下载文件

然而，在我们实例化链接列表前，我们还需要创建一个函数——一个实际上用来寻找并下载文件的函数！因此，让我们在网页中的代码里查找一个特定的文件类型吧。现在应该返回到程序最开始的位置，在 `start` 那一行的后面添加如下代码，用于询问我们需要查找文件的类型：

```
filetype = raw_input("What file type are you looking for?\n")
```

> 📷 注意　如果你正好奇 `\n` 的话，两个例子中 `raw_input` 字符串结尾处的 `\n` 其实是一个 Enter 字符。当这行文字显示时，该 Enter 字符并不输出。而是将光标移到下一行的开始位置等待下一个输入。但这不是必需的，这样做的目的只是为了使输出看起来更整齐。

既然我们已经知道想要查找的文件的类型了，将每个链接添加到列表时，便可以检查链接内是否包含我们需要的文件。举例来说，如果我们正在查找 .pdf 文件，可以解析该链接，并判断其是否以 pdf 结束。如果是，我们将调用 URLopener.retrieve() 函数并下载这个文件。所以再次打开 webbot.py 文件的副本，将 for 循环的代码替换为如下的内容：

```
for link in soup.find_all('a'):
    linkText = str(link)
    if filetype in linkText:
        # Download file code here
```

你可能会注意到这一小段代码中的两个元素。第一，添加了 str(link) 函数。Beautiful Soup 为我们找到了网页中的每个链接，但它只是将 link 对象返回给我们，而这对于非 Soup 代码毫无意义。我们需要将其转换为字符串类型，以便完成我们所有的巧妙处理。而这便是调用 str() 函数的意义所在。实际上，Beautiful Soup 为我们提供了完成这项任务的函数，但了解如何通过 str() 函数进行字符串转换是这里需要学习的重点。事实上，这就是为什么我们会在代码开始处 import string——这样我们就可以处理字符串对象了。

第二，一旦链接是一个字符串，你便可以看到我们如何使用 Python 的 in 调用。同 C# 的 String.contains() 方法类似，Python 的 in 调用只是简单查找字符串内是否包含所需的子串。因此在本例中，如果我们需要查找 .pdf 文件，我们可以在链接内查找是否包含"pdf"的子串。如果存在的话，那么该链接便是我们需要的一个链接。

5.7.3　测试网络机器人

为了简化网络机器人的测试，我设置了 http://www.irrelevantcheetah.com/browserimages.html 页面供测试使用。网页中包含图像、文件、链接及各种 HTML 的内容。通过这个网页，我们可以从简单的事情开始，比如图像。因此，我们将 webbot.py 代码修改成如下形式：

```
import mechanize
import time
from bs4 import BeautifulSoup
```

```
import string
import urllib
start = "http://www.irrelevantcheetah.com/browserimages.html"
filetype = raw_input ("What file type are you looking for?\n")
br = mechanize.Browser()
r = br.open(start)
html = r.read()
soup = BeautifulSoup(html)

for link in soup.find_all('a'):
    linkText = str(link)
    fileName = str(link.get('href'))
    if filetype in fileName:
        image = urllib.URLopener()
        linkGet = http://www.irrelevantcheetah.com + fileName
        filesave = string.lstrip(fileName, '/')
        image.retrieve(linkGet, filesave)
```

  我认为代码最后一部分的 for 循环需要解释一下。for 循环遍历 Beautiful Soup 找到的所有链接。然后 linkText 将这些链接转换为字符串供我们处理。之后我们将链接（实际是链接所指向的文件或网页）本身也转换为字符串，并查看其是否包含我们要找的文件类型。如果包含，我们便将其追加到该网站的基础 URL，得到 linkGet。

  最后两行用于执行 retrieve() 函数。你应该还记得，该函数需要两个参数：我们下载文件的 URL 地址，以及我们想将该文件存储的文件名。filesave 取到我们之前找到的 fileName，并删除文件名前面的 "/" 以便我们可以存储该文件。如果不这么做的话，fileName 可能会存储为 /images/flower1.jpg。如果我们将一张图片按其原始文件名进行存储的话，Linux 会试着将 flower.jpg 存储到 /images 文件夹下，之后会因为 /images 文件夹不存在而提示错误。通过除去前面的 "/"，fileName 变成了 images/flower1.jpg，只要当前目录下有一个名为 images 的文件夹（记住我说过需要首先创建该目录），文件便会不出意外地存入该文件夹内。最终，最后一行的代码执行了实际的下载操作，用到了我刚提到的两个参数：linkGet 和 filesave。

  如果在当前目录下创建一个名为 images 的目录然后运行此脚本，并将 "jpg" 作为文件类型问题的答案的话，images 目录内将存储 12 个你亲自挑选的不同花卉的图像文件。简单吧？如果你创建一个名为 files 目录并回答 "pdf" 的话，在你的 files 文件夹中将会得到 12 个不同的（无聊的）PDF 文件。

5.7.4　创建目录并实例化一个列表

在结束网络机器人编码的工作前，还需要添加两个内容。第一，我们不是一开始就知道需要创建什么样的目录，所以需要找到一种从链接文本中解析文件夹名字的方法，并且在运行时创建该目录。第二，我们需要建立一个链接到其他网页的链接列表，以便我们随后可以访问这些网页并重复下载过程。如果我们重复了几次这样的操作，就得到了一个真实的网络机器人，它可以找寻并下载我们所需的文件。

让我们先完成第二件事——实例化我们前文提及的链接列表。我们可以在程序开始的位置，在 import 语句后创建一个列表，并按计划添加链接。为了创建列表，我们只需使用：

```
linkList = []
```

为了将其添加至程序中，我们添加一个 elif 块：

```
if filetype in fileName:
    image = urllib.URLopener()
    linkGet = http://www.irrelevantcheetah.com + fileName
    filesave = string.lstrip(fileName, '/')
    image.retrieve(linkGet, filesave)
elif "htm" in fileName: # This covers both ".htm" and ".html"
filenames
    linkList.append(link)
```

这就行了！如果 fileName 包含我们要找的链接类型，就开始检索。如果不包含链接类型，但包含 htm 页面，则追加到 linkList 中——这是我们之后会逐一打开每个网页并重复下载过程的列表。

我们多次重复进行下载的过程应该会使你想到编程中的一个元素：函数（function）——也被称作方法（method）。请记住，如果在代码中要一遍又一遍执行同一个过程的话，就需要用一个函数来完成。这样的代码更简洁，也更容易编写。你会发现程序员做事效率很高（也有人说这是懒）。如果我们可以一次编码并重复使用，那要比一遍遍重复输入代码要强得多。而且也能节省大量时间。

接下来让我们通过向 webbot.py 程序中添加下面几行代码来开始下载函数的工作，在我们刚加的 linkList = [ ] 那一行后面添加：

```
def downloadFiles (html, base, filetype, filelist):
    soup = BeautifulSoup(html)
    for link in soup.find_all('a'):
    linkText = str(link.get('href'))
    if filetype in linkText:
        image = urllib.URLopener()
        linkGet = base + linkText
        filesave = string.lstrip(linkText, '/')
        image.retrieve(linkGet, filesave)
    elif "htm" in linkText:  # Covers both "html" and "htm"
        linkList.append(link)
```

既然现在我们已经编好了 downloadFiles 函数, 剩下的工作是解析 linkText
并得到需要创建的目录名。

除了要使用 os 模块, 这个字符串操作还是比较简单的。无论我们运行的是哪
种操作系统, os 模块都可以处理目录和文件。首先, 我们需要向程序中添加:

```
import os
```

然后,（如果有需要的话）通过以下代码创建一个目录:

```
os.makedirs()
```

你可能还记得为了简化文件的保存, 我们需要在机器中创建一个与用于存储目
标文件的网络目录相匹配的本地目录。为了查看我们是否需要本地目录, 先要确定
目录名。在大多数（不是全部）情况下, 目录通常会是 linkText 的第一部分; 例
如, 在 /images/picture1.html 中目录名是 images。因此第一步便是再次遍历
linkText, 通过与查找网址名的基址相同的方法查找斜线, 像这样:

```
slashList = [i for i, ind in enumerate(linkText) if ind == '/']
directoryName = linkText[(slashList[0] + 1) : slashList[1]]
```

前一行代码创建了一个下标序列, 用于标识 linkText 串中所有找到的斜线的
位置。然后 directoryName 截取了 linkText 中第一和第二斜线之间的子串（从
/images/picture1.html 截取的子串是 images）。

那段代码的第一行需要解释一下, 因为这行代码很重要。linkText 是个字
符串, 同样也是枚举型（enumerable）, 这也就意味着其中的字符能被逐一遍历。
slashList 是 linkText 中所有斜线的位置（下标）列表。当第一行进入 slashList
列表之后, directoryName 便抓取到的在第一个和第二个斜线之间的文本。

　　随后的两行只是在检查是否有与 `directoryName` 匹配的目录存在。如果没有，则创建该目录。

```
if not os.path.exists(directoryName):
    os.makedirs(directoryName)
```

　　至此便完成了我们的 `downloadProcess` 函数，而这也就标志着我们完成了简单的网络机器人项目。你可以通过输入 `http://www.irrelevantcheetah.com/browserimages.html`，并请求查找 jpg、pdf 或 txt 文件类型试一试它的效果，并观察其创建文件夹并下载文件的过程——全都不需要你干预。

　　现在你应该明白，你可以为之疯狂了！创建一个目录，搜索三层（或更多）的网络，在不经意间，观察网络机器人为你下载了什么！有时当看到下载的内容是你最不期待的东西的时候，乐趣是会减半的！

5.8　最终代码

　　如果你一直跟随我们完成本章各个步骤的话，现在可以看到你一点一点输入的最终完整的代码。如果你根本不想输入代码，也可以在 Apress.com 网址下载 `webbot.py` 文件。然而，我强烈建议你自己输入代码，因为相比于简单的复制粘贴，自己输入代码的学习效果会更佳。

　　我的一位教授曾经说过，通过输入代码，你就可以自己编写代码。

```
import mechanize
import time
from bs4 import BeautifulSoup
import re
import urllib
import string
import os

def downloadProcess(html, base, filetype, linkList):
    "This does the actual file downloading"
    Soup = BeautifulSoup(html)
    For link in soup.find('a'):
        linkText = str(link.get('href'))
        if filetype in linkText:
            slashList = [i for i, ind in enumerate(linkText) if
            ind == '/']
```

```
                directoryName = linkText[(slashList[0] + 1) :
                slashList[1]]
                if not os.path.exists(directoryName):
                    os.makedirs(directoryName)

                image = urllib.URLopener()
                linkGet = base + linkText
                filesave = string.lstrip(linkText, "/")
                image.retrieve(linkGet, filesave)
            elif "htm" in linkText:  # Covers both "html" and "htm"
                linkList.append(link)
start = "http://" + raw_input ("Where would you like to start
searching?\n")
filetype = raw_input ("What file type are you looking for?\n")
numSlash = start.count('/') #number of slashes in start—need to
remove everything after third slash
slashList = [i for i, ind in enumerate(start) if ind == '/']
#list of indices of slashes

if (len(slashList) >= 3): #if there are 3 or more slashes, cut
after 3
    third = slashList[2]
    base = start[:third] #base is everything up to third slash
else:
    base = start

br = mechanize.Browser()
r = br.open(start)
html = r.read()
linkList = [] #empty list of links

print "Parsing" + start
downloadProcess(html, base, filetype, linkList)

for leftover in linkList:
    time.sleep(0.1) #wait 0.1 seconds to avoid overloading
    server
    linkText = str(leftover.get('href'))
    print "Parsing" + base + linkText
    br = mechanize.Browser()
    r = br.open(base + linkText)
    html = r.read()
    linkList = []
    downloadProcess(html, base, filetype, linkList)
```

5.9 总结

在本章中，你通过编写一个网络机器人（或网络蜘蛛程序），对 Python 语言进行了很全面的了解，即便在你休息的时候，网络机器人也可为你遍历互联网，下载你所感兴趣的文件。你只需要使用一至两个函数，构造并添加一个列表对象，做一些简单的字符串处理。

下一章，我们会离开数字世界，与典型的物理现象（天气）进行互动。

气 象 站

　　自古以来，人类一直为天气所着迷，总是在问诸如此类的问题：今天会有雨水浇灌庄稼吗？如果下雪的话，我们能去滑雪吗？龙卷风会将我们的房子吹到住着女巫和飞猴子的虚构国度吗？天气每天都会不同，今天天气怎样？

　　预报天气并不总是科学研究的内容。人们会向雨神求雨，向太阳神祈求阳光。如果祈祷不管用的话，人们便会拜访那些自称能展望未来并能预测未来低压系统运动路径（虽然不会使用这些专业词汇）的先知或预言家。

　　渐渐地，人们发现了气象背后的科学知识，之后便不再依靠神奇的石头来预测天气了（如图 6-1 所示）。人们走进校门，学到关于锋面、风暴潮及其他与天气有关的科学信息，最终成为一名气象学家。

　　气象学不断发展，气象站的需求应运而生——一个小型的以本地化的方式与当时天气状况同步的场所。即使是小型气象站，通常也能提供风速、风向、温度、湿度和相对气压的信息。将一两天内每一项天气数据组合在一起进行研究，可以大致预测最近几日的天气情况。

　　当然，树莓派非常适合用来创建这样的气象站应用。这个项目虽然不需要强大的计算能力，但需要易与小型传感器网络交互的能力。有些传感器是通过内部集成电路（Inter-Integrated Circuit，I2C）总线与树莓派相连，有些是通过脉冲宽度调制

（pulse width modulation，PWM）相连，有些则是直接连接到 GPIO。树莓派通过轮
询的方式，简单地逐一访问传感器，之后我们便可以获得任意时刻的天气状况了。

图 6-1　气象石（Image © 2010 Tom Knapp）

现在让我们从建立气象站所需的零件开始吧。

6.1　零件购买清单

气象站这个项目并不需要很多的零件，但郑重警告，不同尺寸零件的价值不一
样，有些零件比你想象的贵很多：

- ❑ 树莓派和电源适配器
- ❑ 数字指南针 / 磁力计（https://www.sparkfun.com/products/10530）
- ❑ 光轴编码器（http://www.vexrobotics.com/276-2156.html）
- ❑ 气压传感器（https://www.adafruit.com/products/1603）
- ❑ 数字温度计（https://www.adafruit.com/products/1638）
- ❑ 小型实验板（https://www.sparkfun.com/products/9567）
- ❑ 五金店买到的方轴
- ❑ 风车或类似于风扇的装置

- ❑ 转盘轴
- ❑ 薄木板
- ❑ 长约 12 英寸[⊖]、直径 1 ～ 2 英寸的带盖 PVC 管
- ❑ 各种跳线、胶水、螺丝

6.2 使用 I2C 协议

在本项目中，树莓派与湿度和压力传感器进行通讯采用的是 I2C 协议。虽然这个协议相对简单，但你还是可能会遇到一些小麻烦，因此在我们开始建立气象站之前，最好快速回顾一下该协议。

I2C 允许大量设备在仅使用三根电线的一条线路中进行通讯：数据线、时钟线和地线。每个设备称为一个节点（node），通常有一个主节点和许多从节点（slave）。每个从节点都有一个 7 位的地址，例如 0x77 或 0x43。当主节点需要与一个特定的从节点进行通讯时，它首先在数据线上传送一个"开始"位，随后发送从节点的地址。被呼叫的从节点回应一个确认信息，而所有其他的从节点则忽略剩余的信息，并继续等待下一个地址数据的传送。然后主、从节点互相通讯，在所有信息传送完毕之前，两者经常在发送和接收模式间进行切换。

I2C 称为"极致串行协议"，通常应用于那些对速度需求不高，但要求零件成本低廉的应用中。树莓派的两个引脚，#3 和 #5 分别预设为 I2C 协议的 SDA（数据）总线和 SCL（时钟）总线，所以树莓派能轻而易举与 I2C 设备进行通讯。我们将要使用的设备中，有两个传感器（气压计 / 高度计和磁力计）属于 I2C 设备。

树莓派还有一个 I2C 的实用程序，可以用来查看当前已连接的设备。为了安装程序，输入：

```
sudo apt-get install python-smbus
sudo apt-get install i2c-tools
```

如果你的 Raspbian 操作系统是 Wheezy 或者 Stretch 这样较新版本，那么程序已默认安装，系统会提示当前程序已是最新版本。

现在你可以运行名为 i2cdetect 的 I2C 工具，确保一切工作正常，并查看已连接

⊖ 1 英寸等于 2.54 厘米。——编辑注

的设备。输入：

```
sudo i2cdetect -y 1
```

屏幕应该会显示如图 6-2 所示的内容。

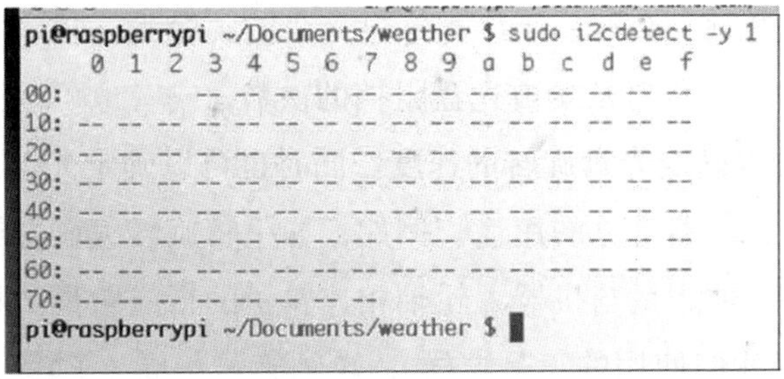

图 6-2　i2cdetect 工具

在图示的例子中，没有显示任何设备，这是正常的，因为我们还没有接入任何设备。但你可以确认工具已经正常运行。

6.3　使用风速计

任何一个气象站都少不了风速计（一个用于测量风速的设备），因为风速是天气预报中的一个重要因素。在寒冷的天气里（例如，气温低于 32℉ 或者说 0℃ ），风速对寒冷程度起重要作用（风寒）。根据美国国家气象局的风寒曲线图，当风速达到 15mph[⊖]，气温为 15℉ 时，你会感觉处于 0℉ 的环境下；而当风速达到 15mph，气温为 0℉ 时，你会感觉处于 –24℉ 的环境下。在这种情况下，风速会决定你的四肢是会先结冰还是先被冻掉（如果你问我的话，我认为两者都不好受）。

另一方面，如果外面不是特别冷的话，风速则决定了下一个天气到来的速度。在风速为 2mph 时，几天后会是晴天；而当风速达到 50mph 时，飓风只需几分钟便会吹塌你的房子。

风速计是一个相当复杂的装置，带有轴承、轴柄、开关等。我们的风速计已经算是相当简单了。

⊖　1mph = 1.609 344km/h。——编辑注

6.3.1 构造风速计

我们将使用旋转轴角编码器、旋转轴及一些扇片来测量风速。

我们使用的旋转轴角编码器来自 Vex 机器人，它由一个周围分布着均匀狭缝的塑料盘组成。通电时，会有一小束光穿过光盘的狭缝到达位于另一端的光敏接收器。通过统计在一段时间内光线被光盘阻挡的次数（或者也可以选择统计光线通过狭缝的次数），便可以确定光盘旋转的速度。同时也可以确定光盘旋转的次数，而事实上，这也是旋转编码器常见的用途。例如，如果将旋转编码器固定在机器人的轮轴上的话，这将是一种测量与机器人轮轴相连轮子的行进距离的好方法。如果光盘有 90 个狭缝的话（我们使用的正是这样），轮轴旋转一周（车轮旋转一周），编码器的光敏接收器端会接收到 90 次光照。因此，如果我们告诉机器人"前进 30 个狭缝的距离"，之后车轮就会精确地向前移动周长三分之一的距离。如果我们知道光盘 / 车轮的周长是 3 英尺的话，便可以计算出刚刚机器人前进了 1 英尺的距离。

这里似乎用到了许多不必要的数学知识，但你需要理解编码器的工作原理。一旦我们将扇片安置到旋转轴上，便可以根据扇片的周长和轴的转速（理论上）推算出风速。然而，以我的经验来看，实际上根据已知风速进行测试并将数据纳入程序中会更为简单些，而这也是我们将采用的方法。然而做到这点的话你需要一个合作者（一位可以按照预先设定的、合理的速度开车的伙伴）才能做到这一点，同时你需要记录风速测量的数据。合理的速度大约是 5 ~ 20mph，不是 80mph。

为了构造风速计，你需要在当地五金店中仔细寻找一个大约 1/8 英寸的方轴，其形状刚好与旋转编码器的方孔吻合（如图 6-3 所示）。

图 6-3　方轴

> **注意** 正如之前所言，1/8 英寸的轴与旋转编码器的孔会完全吻合。

下一步，你需要一个类似于风车的装置。我用的是科学工具包中的风车部分，你可以在当地的工艺品商店里买到（如 `http://amzn.to/1koelSW`）。如你所见，转轴与风车的孔径可以完美衔接，而风向扇片可以轻松接到编码器后部的位置（如图 6-4 所示）。

图 6-4　带风向标的编码器

整个装备需要旋转，也就是说，需要将其连接到一个类似于风向标的，且可以在某一轴上旋转的设备，这样我们就可以确定风向了。而这也是我们需要转盘轴的原因。

首先，在 PVC 管的末端切出两个槽，使编码器可以紧密地嵌在其中（如图 6-5 所示）。

图 6-5　PVC 管凹槽中的编码器

将 PVC 盖子放在管道的另一端。在转盘轴的一侧固定一块轻木板。然后在尽可能靠近转盘轴中间的位置，用螺丝将 PVC 管及盖子固定。图 6-6 显示了一种确定转盘轴中心的方法。

图 6-6　确定平台中心

当你完成后，效果应该和如图 6-7 所示的装置类似。

图 6-7　装配好的风速计

6.3.2　将风速计与树莓派连接

现在我们需要将风速计连接到树莓派，并测量其旋转速度。将编码器的红色导线连接到树莓派的电源（#2），黑色导线连接到 GND（#6），白色导线连接到任意 GPIO。作为演示，此处我们选择 #8。

如前所述，编码器工作的原理是：每当光盘的一个狭缝通过某个点的时候便发送 1 个 HIGH 信号。我们已经知道光盘有 90 个狭缝，这也就意味着每 90 个 HIGH 信号代表转轴转动 1 周。我们需要做的就是记录 HIGH 信号，计算出得到 90 个信号所需要的时间，之后便能得到旋转速度。如果用秒来计算时间的话（我们将使用 time 库进行记录），我可得出每秒转动的数据。因此读取编码器数据的代码应该和以下代码类似：

```
import time
import RPi.GPIO as GPIO
GPIO.setmode(GPIO.BOARD)
GPIO.setup(8, GPIO.IN, pull_up_down=GPIO.PUD_DOWN)

prev_input = 0
total = 0
current = time.time()

while True:
    input = GPIO.input(8)
    if ((not prev_input) and input):
        print ("turning")
        total = total + 1
    prev_input = input
    if total == 90:
        print (1/(time.time() - current)), "revolutions per sec"
        total = 0
        current = time.time()
```

所有的关键步骤都发生在 while 循环当中。首先，我们将变量 prev_input 设置为 0，当输入值为 1（HIGH）时，意味着光盘正在旋转。这时，我们将变量 total 自增 1，将 input 的值赋给 prev_input，并在达到 90 次 HIGH 之前继续循环操作。如果 total 达到 90 了，意味着已经完成了一圈的采集工作，这时我们便可以进行计算，输出每秒的旋转数（rps），并重置变量 total 和 current。为了测试编码器代码，将导线连接到树莓派，运行程序，并手动旋转编码器车轮。之后你应该会看到 "turning" 出现 90 次后输出 rps 的值。

6.3.3 根据风速纠正每秒转数

如果编码器按预期正常工作了，那剩下的唯一工作便是根据风速对每秒的转数进行修正，最简单的方法是让朋友开车带你出去转转。将风速计伸出车窗外，树莓派通过临时网络连接到笔记本，请让你的朋友以 5mph 的速度行驶一段时间，此时你需要执行刚写好的编码器程序。之后再以时速 10、15 和 20mph 的速度重复此过程，直到你收集到足够的数据，并可以调整风速与 rps 的关系为止。

当我在开车时把风速计放在车窗外，我得到的 rps 数据如表 6-1 所示。

表 6-1　mph 与 rps 读数对应表

mph	rps
5	5.8
10	9.23
15	10.8
20	11.7

mph 与 rps 的关系明显就是对数关系，也就是说我们可以用一个简单的代数公式将每秒转数转换为风速。

如果把这些值绘成图像，应该会得到图 6-8 所示的内容。

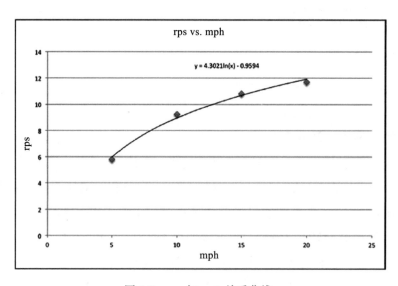

图 6-8　rps 与 mph 关系曲线

从关系式中可以看出：每秒转数与风速呈对数关系，而不是线性关系。因此，我们需要使用对数函数的逆函数，或称为指数函数（e^x），根据每秒转数求出风速。我不希望数学计算使你烦躁，你只要记住：

$$风速 = e^{((y+0.95)/4.3)}$$

我们可以将上述计算结果带入最终的程序中，你很快便会见到。

通过 AD-HOC 网络连接树莓派与笔记本电脑

如果你和我一样，在树莓派上从事的大多工作都不需要显示器——如果我需要查看桌面的话，我会使用 SSH（Secure Shell）或者运行 VNC（Virtual Network Computing）服务器，但通常不在树莓派上连接显示器、鼠标或者键盘。如果你连接到家庭网络上的话，这项工作的效果会很好，但附近要是没有网络怎么办？幸运的是，在树莓派与笔记本电脑之间建立一个有线 ad-hoc 网络的操作相当简单。一个 ad-hoc 网络是树莓派与另一台计算机（比如笔记本电脑）之间的一个简单的网络连接，中间不需要经过路由器或集线器。

最简单的设置方法是记下树莓派的静态 IP 地址，调整笔记本电脑的以太网口，并与该地址进行通讯。假设树莓派的地址是 192.168.2.42。用一根很短的网线将树莓派直接连接到笔记本电脑的网口。现在对笔记本电脑进行网络设置，目前的设置为通过动态主机配置协议（Dynamic Host Control Protocol，DHCP）自动从路由器接收地址。而具体的操作是将该模式调整为手动设置 IP 地址，并将计算机的网络端口设置为与树莓派子网一致的地址。在这个例子中，192.168.2.10 就是个有效的地址。如果有问题的话，补全子网掩码（本例中的子网掩码是 255.255.255.0）和默认网关（本例中是 192.168.2.1）。如果有必要的话，重启计算机或重启网络管理器。

现在你应该能够通过标准的终端连接登录到树莓派：

```
ssh -l pi 192.168.2.42
```
你完全可以像使用家庭网络一样进行工作。

6.4   连接数字指南针

我们之所以在本项目中使用数字指南针，目的只有一个：了解风向。我们使用的是 HMC5883L，其支持 I2C 协议，所以在你继续工作前，请确保已熟悉前面讲到的 "使用 I2C 协议" 部分的内容。

首先将数字指南针的公头引脚焊接到 HMC 转接板上。具体的方向由你而定。如果你打算独立使用，你可以使引脚朝上，这样便于操作。反之，如果你计划将芯片接入实验板内，请务必将引脚朝下进行焊接，这样你便可以将整个器件插入实验板中。

一旦焊接好后，利用跳线将引脚连接到树莓派上。VCC 和 GND 分别连接到树莓派的 #2 和 #6 上，SDA 和 SCL 则连接到树莓派的 #3 和 #5 上。你现在可以使用 smbus 库读取指南针的数据了，利用一点数学知识，你便可根据 x 和 y 轴的数据计算出方位。现在，使用先前提到的 i2cdetect 工具，确保你能从指南针上读取数据。通过输入 sudo i2cdetect -y 1，你便可以运行该工具，之后你应该会看到在地址 0x1e 处芯片被列出（如图 6-9 所示）。

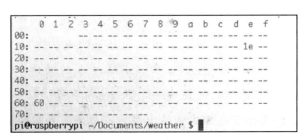

图 6-9   观察指南针的 I2C 地址

如果没出现的话，请仔细检查连接（图 6-9 中可见的另一个地址 0x60 是我接入树莓派的另一个 I2C 设备）。当该地址出现之后，准备一个新的从设备读取数据的 Python 程序。我们将使用 smbus 库的 I2C 工具对传感器进行读写操作。首先，在树莓派内新建一个目录，并将一切关于气象站的代码集中到一起：

```
cd ~
mkdir weather
cd weather
```

既然你已经在根文件夹下创建了一个名为 **weather** 的目录，并已经进入该目录，请在新的 Python 程序中输入如下代码：

```
import smbus
import math

bus = smbus.SMBus(0)
address = 0x1e

def read_byte(adr):
    return bus.read_byte_data(address, adr)
def read_word(adr):
    high = bus. read_byte_data(address, adr)
    low = bus.read_byte_data(address, adr+1)
    val = (high << 8) + low
    return val

def read_word_2c(adr):
    val = read_word(adr)
    if (val >= 0x8000):
        return -((65535 - val) + 1)
    else:
        return val
def write_byte(adr, value):
    bus.write_byte_data(address, adr, value)

write_byte (0, 0b01110000)
write_byte (1, 0b00100000)
write_byte (2, 0b00000000)

scale = 0.92
x_offset = -39
y_offset = -100

x_out = (read_word_2c(3) - x_offset) * scale
y_out = (read_word_2c(7) - y_offset) * scale

bearing = math.atan2(y_out, x_out)
if bearing < 0:
    bearing += 2 * math.pi
print "Bearing:", math.degrees(bearing)
```

导入正确的库文件后，该程序的功能是通过调用 smbus 库从传感器地址读写数据。函数 read_byte()、read_word()、read_word_2c() 和 write_byte() 都用来向传感器的 I2C 地址读写数据（单字节或 8 位数据）。而三行 write_byte() 操作是将 112、32 和 0 写入传感器，将其配置为读数据状态。这些数值通常可在 I2C 传感器的数据手册中找到。

当经常在 Adafruit 或 Sparkfun 购买转接板时，你可能已经注意到，这些公司已经为传感器准备好了示例代码。从这些公司购买零件，你可以在每个网站内查看"Document"链接。正如任何程序员都会告诉你的一样：如果工作已经做好了，你就不必重新进行研究。如果已经写好的代码可以解决你的问题，就尽情使用它们吧。随着编程技能的进步，可能用不了多久你就会向制造者社区贡献代码来解决其他人的问题！

程序随后读取指南针的 x 和 y 轴的当前数据，并通过 math 库的 atan2()（反正切）函数计算传感器的方向。首先通过库中的 degrees() 函数将读数转换成角度。然而，根据你当前地理位置的不同，x_offset 和 y_offset 值可能会有所变化，而确定这些值最好的办法便是运行程序进行测量。

运行程序时，最好在附近准备一个指南针，之后比较指南针的数据和电子指南针的数据（板子上带焊接头的一侧是"指向"的方向）。你需要一点一点调整偏移量，最终得到正确的方向信息。一旦配置好，你就可以测量风向。我们将指南针嵌在风速计的旋转轴上，这样当我们完成最终的气象站时，便可读取风向。

6.5 连接温度 / 湿度传感器

我们使用的温湿度传感器是 Sensirion 公司的 SHT15，是这个项目中比较昂贵的一个器件。但也比较容易操作，因为它不涉及 I2C 协议。首先你需要焊接好引脚部分，同指南针的焊接一样，引脚的方向由你确定。我倾向于将转接板朝上进行焊接，这样当我连接跳线的时候，可以分清每个引脚的位置。当然，如果我打算将这个单元接入实验板的话，就意味着我不能读取每个引脚，这就是相对的代价。

一旦将引脚焊接好后，请按以下步骤操作：

1. 将 VCC 连接到树莓派的 5V 引脚（#2）。
2. 将 GND 连接到 #6。
3. 将 CLK 连接到 #7。
4. 将 DATA 连接到 #11。

> 🔘 **注意** 如果将带有 DATA 和 CLK 标志的引脚误认为其支持 I2C 协议的话，这个错误可以理解，但实际并非如此。那些只是引脚的一个标识而已。

为了使用这种传感器，你需要安装 Luca Nobili 编写的名为 rpiSht1x 的 Python 库。进入你的 weather 目录（或是你存放气象站代码的其他目录），输入以下内容下载 rpiSht1x 库：

```
wget http://bit.ly/1i4z4Lh --no-check-certificate
```

> 🔘 **注意** 你需要使用 "--no-check-certificate" 标志，这是因为我使用链接缩短服务 bitly.com 缩短了链接地址，以便于你轻松输入。通常，当你使用 wget 下载一个文件时，该文件直接存入你当前的目录，但通过 bitly.com 将链接重命名后可能会导致下载时发生异常。而使用这个标志便可以修正这个问题。

下载完后（不会花很长时间，因为只需要下载 8KB 的内容），你需要对其重命名，这样你就可以解压缩了。通过输入以下内容重命名该文件：

```
mv 1i4z4Lh rpiSht1x-1.2.tar.gz
```

然后输入以下内容对其解压缩：

```
tar -xvzf rpiSht1x-1.2.tar.gz
```

然后通过 cd 命令进入解压缩后的目录（cd rpiSht1x-1.2），并运行：

```
sudo python setup.py install
```

现在你就可以使用这个库了，让我们来试一试吧。如果 SHT15 仍按之前的方式连接着，试着输入以下代码：

```
from sht1x.Sht1x import Sht1x as SHT1x
dataPin = 11
clkPin = 7
sht1x = SHT1x(dataPin, clkPin, SHT1x.GPIO_BOARD)

temperature = sht1x.read_temperature_C()
humidity = sht1x.read_humidity()
dewPoint = sht1x.calculate_dew_point(temperature, humidity)
```

```
temperature = temperature * 9 / 5 + 32      #use this if you'd
like your temp in degrees F
print ("Temperature: {} Humidity: {} Dew Point: {}".
format(temperature, humidity, dewPoint))
```

将这些代码保存为 sht.py 文件，并通过 sudo python sht.py 运行该程序。该程序用到了在 Adafruit 中定义的函数，包括 read_temperature_C()、read_humidity() 和 calculate_dew_point()，通过这些函数，我们可以从传感器获取数据，此时，传感器已经连接到 7 号和 11 号引脚。接着，程序对没使用公制的数据进行快速转换并显示结果。

你应该会得到关于当前状态的一行输出：

```
Temperature: 72.824 Humidity: 24.282517922 Dew Point: 1.22106391724
```

如你所见，这是一个易用的库。这些库早期很多都应用于 Arduino 上，现在这些库已经可以导入树莓派并正常运行了（参见之前有关使用现存代码的内容）。

6.6 连接气压计

如果说气压是预测天气最好的指标之一，那么气象站中最有趣的部分可能就是 BMP180 气压计芯片了。通常，气压下降表明将有风暴来临，而气压上升则预示着好天气。虽然这么解释过于简单。

BMP180 芯片遵循 I2C 协议，所以你需要将其连接到树莓派的 SDA 和 SCL 引脚上（#3 和 #5），与你连接指南针的方式一样。在将引脚焊接到转接板后，分别将 VCC 和 GND 连接到 #1 和 #6，将 SDA 和 SCL 连接到 #3 和 #5。

🅱️注意 你需要将芯片的电源连接到树莓派的 3.3V 上，而不是 5V。将芯片接在 3.3V 的目的是避免可能破坏树莓派中易损的 3.3V 输入。

为了确保一切连接正常，你需要运行 sudo i2cdetect -y 1 并确保所有设备显示正常。该设备应该显示在地址 0x77 处，如图 6-10 所示。

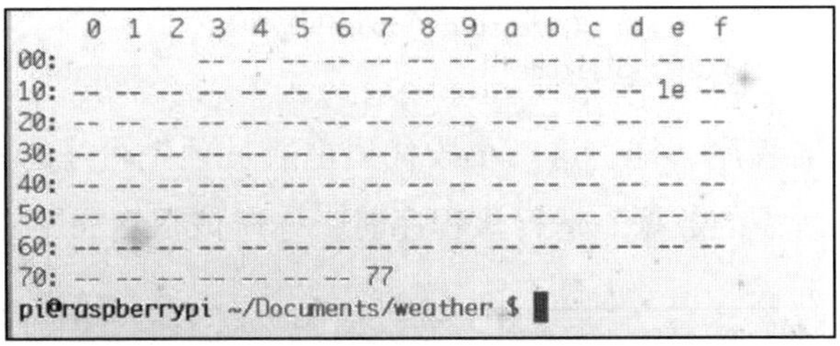

图 6-10　i2cdetect 显示地址 0x77 和 0x1e 正被使用

> **注意**　注意：图 6-10 中的 **0x1e** 设备是我们正在使用的已连接的指南针。

同样，这个设备的运转也需要一些额外的库。这种情况下，我们将使用 Adafruit 经典的 BMP085 库。

> **注意**　BMP180 芯片的原始版本是 BMP085。尽管它已被替换，但原理图和芯片引脚是相同的，因此所有为 BMP085 编写的库对 BMP180 也适用。

为了获得必要的库，你需要输入：

```
wget http://bit.ly/NJZOTr --no-check-certificate
```

和前面一样，我们需要对下载的文件重命名，以便我们可以继续使用。在这里，我们下载的文件名为 **NJZOTr**。需要将其重命名：

```
mv NJZOTr Adafruit_BMP085.py
```

这里无须进行安装，我们可以直接跳到使用库与芯片通讯的步骤。在相同目录的新 Python 程序中，输入以下代码：

```
from Adafruit_BMP085 import BMP085

bmp = BMP085(0x77)      #you may recognize the I2C address here!

temp = bmp.readTemperature()
temp = temp*9/5 + 32    #if you're not in one of the 99% of
countries using Celsius
pressure = bmp.readPressure()
altitude = bmp.readAltitude()

print "Temperature:    %.2f F" % temp
```

```
print "Pressure:      %.2f hPa" %(pressure / 100.0)
print "Altitude:      %.2f" %altitude
```

如同温度传感器程序一样，这一小段代码也通过预先写好的库及其中的函数从气压计芯片中读取所需的数据。运行该程序时，你应该得到如图 6-11 所示的内容。

```
pi@raspberrypi ~/Documents/weather $ sudo python bmp085.py
Temperature: 74.66 F
Pressure:    1003.73 hPa
Altitude:    80.32
pi@raspberrypi ~/Documents/weather $ 
```

图 6-11　BMP180 气压传感器的输出

现在你已经可以读取所有的传感器了，是时候让我们将一切组合在一起了！

6.7　连接所有部件

组建这个气象站的一个重要部分便是将所有的部件（至少包含指南针）安装在一个旋转平台上，这样你就可以确定风向了。如图 6-12 所示，我将所有的芯片安装在一个实验板上，并将实验板连接到树莓派上，这样我可以很容易地在旋转平台上安装任何设备（树莓派和实验板）。将一个规模齐整的平台放在转盘轴上，这应该不是问题。

图 6-12　面包板芯片

仔细观察图 6-12，你就能注意到我连线的方式：我将电源置于实验板一侧的正极（+）与负极（−）的位置，而另一侧用于 I2C 连接的数据线（SDA）和时钟线（SCL）。我发现这是一种将几个不同的 I2C 设备固定在树莓派上最简单的方法，因为它们需要共享时钟线和数据线。图 6-13 更好地显示了接线视图，以防你忘记如何连接。

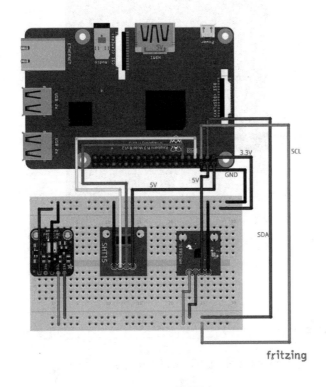

图 6-13　接线图

当你将风速计安装到气象站之后，你可以将树莓派与实验板上的指南针、温度传感器和气压计芯片固定在一起。如图 6-14 所示，由于旋转编码器的引线较短，你可能需要为风速计的桅杆准备一个额外的实验板。最终完成的装置可能和图 6-13 所示的内容相近。为树莓派接通电源，你就准备好接收气象预报吧。

我们会编写代码让树莓派每隔 30 秒便检查所有传感器的数据，并将结果显示在屏幕上。下一节是最终代码。

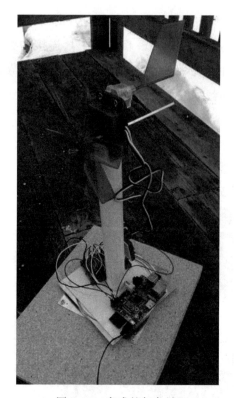

图 6-14 完成的气象站

6.8 最终代码

最终代码保存在 Apress.com 上的 weather.py 文件中。

```
import os
import time
from sht1x.Sht1x import Sht1x as SHT1x
import Rpi.GPIO as GPIO
from Adafruit_BMP085 import BMP085
import smbus
import math

GPIO.setmode(GPIO.BOARD)
GPIO.setup(8, GPIO.IN, pull_up_down=GPIO.PUD_DOWN)

bus = smbus.SMBus(0)
address = 0x1e

def read_byte(adr):
```

```
        return bus.read_byte_data(address,adr)
    def read_word(adr):
        high = bus.read_byte_data(address, adr)
        low = bus.read_byte_data(address, adr)
        val = (high << 8) + low
        return val
    def read_word_2c(adr):
        val = read_word(adr)
        if (val >= 0x8000):
            return -((65535 - val) + 1)
        else:
            return val

    def write_byte(adr, value):
        bus.write_byte_data(address, adr, value)

    def checkTemp():
        dataPin = 11
        clkPin = 7
        sht1x = SHT1x(dataPin, clkPin, SHT1x.GPIO_BOARD)
        temp = sht1x.read_temperature_C()
        temp = temp*9/5 + 32        #if you want degrees F
        return temp

    def checkHumidity():
        dataPin = 11
        clkPin = 7
        sht1x = SHT1x(dataPin, clkPin, SHT1x.GPIO_BOARD)
        humidity = sht1x.read_humidity()
        return humidity

    def checkBarometer():
        bmp = BMP085(0x77)
        pressure = bmp.readPressure()
        pressure = pressure/100.0
        return pressure
    def checkWindSpeed()
        prev_input = 0
        total = 0
        totalSpeed = 0
        current = time.time()
        for i in range(0, 900):
            input = GPIO.input(8)
            if ((not prev_input) and input):
                total = total + 1
            prev_input = input
            if total == 90:
                rps = (1/ (time.time()-current))
                speed = math.exp((rps + 0.95)/4.3)
```

```
            totalSpeed = totalSpeed + speed
            total = 0
            current = time.time()
        speed = totalSpeed / 10     #average speed out of ten turns
        return speed

    def checkWindDirection()
        write_byte(0, 0b01110000)
        write_byte(0, 0b00100000)
        write_byte(0, 0b00000000)
        scale = 0.92
        x_offset = 106         #use the offsets you computed
        yoffset = -175         #use the offsets you computed
        x_out = (read_word_2c(3) - x_offset) * scale
        y_out = (read_word_2c(7) - y_offset) * scale
        direction = math.atan2(y_out, x_out)
        if (direction < 0):
            direction += 2 * math.pi
            direction = math.degrees(direction)
        return direction
# Main program loop
while True:
        temp = checkTemp()
        humidity = checkHumidity()
        pressure = checkBarometer()
        speed = checkWindSpeed()
        direction = checkWindDirection()

        os.system("clear")
        print "Current Conditions"
        print "----------------------------------------"
        print "Temperature:", str(temp)
        print "Humidity:", str(humidity)
        print "Pressure:", str(pressure)
        print "Wind Speed:", str(speed)
        print "Wind Direction:", str(direction)

        time.sleep(30)
```

6.9 总结

　　在本章中，你从无到有构建了一个气象站，安装了必要的传感器来密切关注天气事件，数据包括气压、温度、湿度、风速甚至风向。你学到了 I2C 接口的许多知识，现在应该已经很好地掌握了如何使用 Python 函数在给定时间间隔内重复执行任务。你已经完成了很多制作环节，现在你可以稍微休息一下，因为下一个媒体服务器项目不需要任何制作工作！

第 7 章　*Chapter 7*

媒体服务器

媒体服务器具有将你所有的媒体文件（无论是音乐还是电影）存储在一个中心位置，然后将它们传送到你正使用的媒体设备的能力。现如今，几乎任何一台媒体设备（以及一些非媒体设备）都可以连接到网络——无论是互联网还是家庭网络。这就意味着或许除了冰箱之外的所有设备都可以成为从中央服务器获取流媒体文件的客户端。接下来的内容来自标准的网络术语：无论存储的是媒体文件、电子表格或网页，用于存储文件的计算机都被称为服务器（server），而请求这些文件的计算机则称为客户端（client）。

碰巧，树莓派非常适合扮演服务器的角色。这是因为：一方面，服务器不需要很强的计算能力（虽然 Arduino 也可以作为服务器，但它的能力只是树莓派的几千分之一）；另一方面，存储空间也比较容易扩展，你可以将媒体文件存在任何存储设备中，如外部硬盘。树莓派可将文件传输到任何兼容的设备上。"但这是一个 Linux设备啊！""我需要传输到我的 Windows 笔记本上！"我猜你可能正提出这样的问题。不过请放心，这并不是一个难题——我们将用到一种服务软件，它能使 Linux 服务器与 Windows 客户端以一种友善的方式完成数据传输。此外，在我引导你将树莓派用作裸机服务器之后，我将介绍一个名为 Kodi 的售后媒体服务器解决方案。

关于媒体文件，我假设你是一个正直守法的公民，而且用正确合法的方式支付了你所有电影和音乐的费用，没错吧？好的，让我们从需要购买的零件开始这个项目吧。

7.1 零件购买清单

这项工程几乎不需要零件。你只需要树莓派和足以存储你所有文件的 USB 硬盘。树莓派应该能识别当今绝大多数硬盘，但如果你需要为此购买一块新硬盘的话，我建议你在向它传输千兆字节的文件前，先将其接入树莓派，并在确保一切正常工作之后付款。

7.2 使用 NTFS 格式的硬盘

你需要使用新技术文件系统（New Technology File System，NTFS）格式的硬盘。NTFS 是 Windows 系统格式分区的一种，它经常会进行一些特殊处理以便与 Linux 系统兼容。虽然相比于 NTFS 而言，FAT32 格式使用更为频繁，而且无论是 Linux 还是 UNIX，对 FAT32 进行读取和写入都不会出现异常。但有一点不足，就是 FAT32 不能处理超过 4GB 的文件——而一部高清电影很容易就超出这个限制。因此，我们转向了 NTFS 格式，它可以轻松处理高达 16TB 的文件。此外，FAT32 对于整个硬盘的大小也有限制，根据文件簇的大小，FAT32 仅可以处理约 127GB 的硬盘。然而，NTFS 格式理论上能处理以 64KB 为簇，高达 256TB 的硬盘——这显然更适用于当今的大文件和大硬盘。

文件大小常常是许多用户在第一次设置文件（媒体服务器）时感到困惑的因素，表 7-1 有助于你更好地理解它们。

表 7-1　常见的文件大小

文件类型	文件格式	平均大小
歌曲	mp3	5MB
视频	mp4、avi、mpg	150MB
标清电影	mp4、avi、mpg	750MB
高清电影（1080P）	mp4、avi、mkv、mpg	>1.5GB

当你正在浏览收藏的音乐和视频时，请牢记这些常见文件的大小，这样你才更有可能买到合适的存储设备。要记住：1024KB 等于 1MB，1024MB 等于 1GB，1024GB 等于 1TB。（通常，你可以近似看作 1000，但这其实是一个二进制的转

换——2^{10} = 1024。）幸运的是，存储器的价格正稳步下降，现在不到 150 美元就可以买到一个 2TB 的硬盘。

因为大多数购买到的硬盘都已经预格式化为 NTFS 格式，为了确保树莓派可以对其进行读写操作，我们会安装名为 NTFS-3g 的程序。打开终端，输入以下命令进行安装：

```
sudo apt-get install ntfs-3g
```

NTFS-3g 是一款开源软件，可以在 Linux、Android、Mac OSX 以及其他操作系统中实现对 NTFS 硬盘的读写操作。该软件已经预装在大多数 Linux 系统中，但树莓派并未包含在内（包括其写入操作的部分），因此，你需要安装该软件。

安装好 NTFS-3g 之后，你便可将硬盘挂载到树莓派上。你很可能会看到一个弹出窗口询问你接下来要做什么，这时选择"Open in File Manager"（打开文件管理器）继续即可。一旦你发现可以读取硬盘（通过查看文件体现）后，请确保你也可以对硬盘进行写操作，即通过在终端创建一个（仅用于测试的）目录，具体步骤如下：

```
cd ../../
cd media
ls
    cd "My Book"（或者无论你驱动器的名字是什么（使用ls查找名称））
mkdir test
```

如果出现 test 目录，你便可以继续下面的操作。但如果没有，请确保你已安装了 NTFS-3g，必要时可重启树莓派。

你可能已经注意到在前面的命令中"My Book"是用双引号括起来的。这是因为当文件名中可能包含空格时，使用命令行需要计算空格的数量。如果需要将当前目录更改（cd）到 My Book 目录下，只输入以下的代码将得到 File Not Found 的错误，因为操作系统仅会查找一个名为 My 的文件夹，并忽略其后面的内容。

```
cd My Book
```

而在文件名中，处理空格的操作有两种途径：采用对文件名加双引号的方法；或是在空格前加转义符（反斜杠）。如下所示：

```
cd My\ Book
```

我们需要在树莓派的 /media 目录中创建一个名为 Media 的媒体文件夹，用来保存我们所有的音乐和电影文件。可以之后再创建子目录，但目前我们只是想确保每次启动树莓派时，会加载外部硬盘中同一个文件夹。这是因为当所有其他的设备（客户端）启动后，它们会去寻找预设的文件夹，而且我们不会希望每次启动树莓派时都不得不对它们重新配置，让其寻找另一个目录。我们使用 root 权限创建该文件夹：

```
sudo mkdir /media/Media
```

为了将 Media 文件夹设置为挂载点（mount point），我们需要编辑一个名为 fstab 的文件，并将硬盘的相关信息添加进去。首先，我们需要获取硬盘的信息。在终端输入以下命令：

```
sudo blkid
```

这条命令将列出所有当前和树莓派相连的驱动器信息（无论是虚拟驱动器还是物理驱动器）。例如，我的 blkid 的结果如图 7-1 所示。

图 7-1 blkid 结果

如你所见，名为 /dev/sda1 的驱动盘中的 "My book" 便是我们要找的文件夹，而我们需要的是该磁盘的通用唯一标识符（Universally Unique Identifier，UUID）。

现在，我们需要编辑 fstab 文件，在终端中输入：

```
sudo nano /etc/fstab
```

文件中应该已经存在几行文本了，它们的格式如下：

```
Device name | Mount point | File system | Options | Dump
options | File system check options
```

我们需要通过正确的文件系统和参数将外部的硬盘和挂载点添加到文件中。所以，在此以一个虚拟的 NTFS 格式的驱动器作为案例，我将按以下命令进行添加（每一项都用 tab 进行分隔）：

```
UUID=39E4-56YT     /media/Media     ntfs-3g
    auto,user,rw,exec    0     0
```

第一项输入的是硬盘的 UUID，第二项是我们先前创建的文件夹（也就是挂载点），第三项是卷类型，最后三项则是必要的权限和默认选项。

一旦你将相关信息添加至 fstab 文件并保存，便可输入以下代码挂载所有的驱动设备：

```
sudo mount -a
```

（这条命令会强制挂载 fstab 文件中所有未挂载的驱动。）之后你应该就能听到外部硬盘转动的声音。为了查看是否挂载了正确的文件夹，你可以输入以下命令列出当前所有已挂载的驱动器：

```
df -h
```

如果一切正常，你便可以进入本环节的下一个步骤：安装 Samba 服务器。如果你的驱动器显示不正确，请仔细检查 fstab 文件，因为 UUID 或文本的错误将导致自动装载失败。这是一个挑剔的文件。

7.3　安装 Samba

Samba 官网对 Samba 的描述为："Samba 虽然运行在 UNIX 平台上，但同 Windows 客户端进行交互却十分自如。它允许 UNIX 系统随意进入 Windows 平台的'网上邻居'，而不会引起任何混乱。Windows 用户可以无须关心服务是否与 UNIX 主机相关，尽情访问文件系统和打印服务。"Samba 的名字源于服务器消息区块（Server Message Block，SMB）协议，该协议是由微软提出的通用网络文件系统（Common Internet File System，CIFS）的一部分，旨在不影响双方的情况下，同其他操作系统进行交互。

而这正就是我们需要在树莓派上安装的软件，这样无论 Windows 系统、Mac 系统，或 Linux 系统的机器都可以接收媒体文件。虽然该程序预装在许多 Linux 的发行版中；但树莓派并没有预装。不过安装过程非常简单，只需输入以下命令：

```
sudo apt-get install samba
```

作为联络员的 Samba

曾经，计算机可以自由地进行交互。当时的网络还不是很复杂，计算机间的通讯是通过波特率低、可传输消息少、连接简单的电话线路实现的。如果你需要与另一台计算机进行沟通，你可以选择通过一个公告板系统（Bulletin Board System，BBS）实现，而且它对操作系统并没有要求。但你若不打算使用 BBS 的话，你和另一端的计算机都运行 DOS 操作系统，对话也还是可以进行的。这一时期相对简单。然而，随着计算机变得越来越复杂，不同的操作系统出现了。一边是 UNIX 帝国，以及一些小型的 Linux、Mac 和 BSD 王国。而另一边则是伟大的微软帝国，起始于伟大的君王 DOS，后面跟随着数位继承人，窗口化的界面已经由 Windows 1.01 逐步发展到现如今的 Windows10。

两个王国是相对和平的，事实上，双方很少进行对话，所以也就没有敌意可言。但随着互联网和其他互联网络的发展，双方间顺利无误交换文件的需求就变得十分迫切。作为两者中较小一方的 UNIX 帝国，早已将其所有的操作系统调整为可以轻松成为 Windows 服务器的客户端，而这种调整也已成为网络配置中的一个通用设置。然而 Windows 一方相信从 UNIX 服务器接收文件很容易，因而不做任何使数据传输过程变得简单的操作——或者说任何使传输成为可能的操作。

然而，随着 UNIX 和 Linux 服务器数量的激增，Windows 桌面客户端的数量也随之增加，因此，Windows 客户端与 UNIX 服务器之间的通信及数据交互便变得越来越迫切。虽然这种需求可以实现，但并不容易，而且通常需要一名对网络协议和网络语言知识十分熟悉的超级用户才能办到。打开 Samba——一个专为在不同计算机间轻松实现文件交互而设计的软件，可以让一部分用户不再为此感到头痛。

7.4 配置 Samba

安装好 Samba，我们便需要对其进行配置。最好在编辑配置文件之前对当前的配置进行备份，以便当配置过程出现错误时可以及时恢复。

我们使用 Linux 的 cp 命令进行备份：

```
sudo cp /etc/samba/smb.conf /etc/samba/smb.conf.orig
```

这条命令会将 smb.conf 文件备份为同目录内的 smb.conf.orig 文件。由于 /etc 文件夹的内容只有 root 用户才可以进行编辑，故在执行的过程中需要使用 sudo 运行。完成操作后，你可以通过输入以下命令对文件进行编辑：

```
sudo nano /etc/samba/smb.conf
```

之后，你会看到一个相当大的配置文件——不要被它吓到。我们只需要改变其中一小部分内容即可。配置文件的大小正是 Samba 适应能力强弱的象征。因为它的使用范围覆盖所有互联网，既可以充当网络服务器，也可以用作文件服务器，因此用户需要对其进行适当调整以满足不同需求的适应性。而我们的需求相对简单，因此不需要改变程序默认设置中太多的内容。

我们需要编辑的第一部分是工作组（workgroup）。工作组仅仅是 Samba 服务器（树莓派）将隶属于的域。作为一个家庭媒体服务器，域的概念就相当于 Windows 中的一个"工作组"——你的家庭网络。在全局设置（Global Settings）中，如果你有本地的工作组的话，可以将以下内容更改为自己的工作组：

```
workgroup = WORKGROUP
```

如果没有的话，则保留原来的设置不变。

然后取消对下面一行的注释（去掉 # 号），将

```
#wins support = no
```

改为：

```
wins support = yes
```

在 Networking（网络）部分中，将 interfaces 那一行设置为读取：

```
;    interfaces = eth0 wlan0 lo
```

保留下行不变：

```
bind interfaces only = yes
```

最后一部分是关于 Share Definitions（共享定义）部分。这部分是你列出并配置

Samba 与其他设备共享的内容与文件夹的地方。将页面翻至这部分的最后，并添加如下的内容：

```
[Media]
    comment = Media Drive
    path = /media/Media
    browseable = yes
    guest ok = yes
    writeable = yes
    public = yes
    available = yes
    create mask = 0666
    directory mask = 0777
```

　　这将在 Samba 安装的过程中创建共享位置，并与之前我们创建的驱动器及文件夹进行匹配。同时也将文件夹设置为可浏览的状态并为其创建正确的共享权限。

7.5　Linux 权限设置

　　Linux 的文件权限非常有趣，当你在 Linux 大陆上对树莓派国度进行探索的过程中，你一定会以某种形式与它们再度重逢，因而可以将它们视作一盏探照灯。每个文件或文件夹都有三个与之相关联的权限组：owner（所有者）、group（组）以及 all users（所有用户）。而权限又分为 r、w 或 x，分别表示 read（可读）、write（可写）和 execute（可执行）。

　　当你在文件夹内使用以下命令查看文件时：

ls -l

你可以看到目录下每一项最前面的一列均为以下的形式：

　　-rwxrwxrwx

或

　　drwsr-xr-x

　　第一个字符是 -（连字符）或者 d，分别代表文件或是目录。紧接着每三个字符分为一组，分别表示所有者、组和所有用户的权限。一个显示为 -rwxrwxrwx 的文件代表文件的所有者，目录归属组的用户，以及所有用户对于该文件都拥有读、写和执行该文件的权限。另一方面，如果文件的权限位为 -rwxr-xr-x，则意味着只有所有者具有写权限（即可以写入并保存），其他两个组的用户只能读取并执行文件。

如果你需要改变一个文件的权限，需要使用 chmod 命令，该命令既可以进行直接表示，也可以通过二进制来表示权限的信息。如果你想要直接表示的话，每个组的标志分别为：u（owner）、g（group）和 o（all users）。例如，如果你想要将权限位为 -rwxrwxrwx 的文件更改为所有用户仅具有读权限，输入：

```
chmod o-wx filename
```

这会将其文件权限位设置为 -rwxrwxr--。反之，输入：

```
chmod o+wx filename
```

便可恢复所有用户对文件的写和执行权限。

如果你想使用二进制设定权限的话也可以。从原理上讲，每种权限都有一个值，r = 4，w = 2，x = 1。将每一组所有权限的数值加起来，并以此设置即可。所以一个权限为 rwx 的组的数值和应为 7，一个 r-x 权限的组的数值和为 5。如果你按这种方式设置每组的权限的话，你需要对每组的权限值进行计算。如果目前一个文件拥有 -rwxrwxrwx 的权限，你想取消组和所有用户的写权限，你可以输入：

```
chmod 755 filename
```

虽然现在你可能有点混乱，但只要你掌握了权限值的计算方式，使用起来就会非常方便。在我们配置 Samba 的过程中，你需要将 mask 和 directory 的权限分别设置为 -r-xr-xr-x 和 -rwxrwxrwx，这样我们便可以将媒体目录下所有的文件传送到客户端内了。

7.6　重新启动 Samba 服务

当你编辑完配置文件之后，通过输入以下命令重新启动 Samba 服务：

```
sudo service smbd restart
```

当它启动并再次运行时，回到你家庭网络中的 Windows 设备上，打开命令行。在光标的位置输入：

```
net view \\192.168.xx.xxx
```

（很明显，此处输入的是你树莓派的 IP 地址。）之后你将看到如图 7-2 所示的内容。

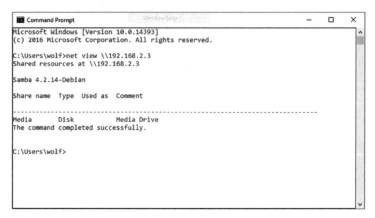

图 7-2   工作中的 Samba 共享网络视图

这时，Samba 共享网络便按照共享（网络）驱动器的方式连接上了。但不幸的是，每种 Windows 系统版本之间的操作略有不同。因为本书关于树莓派，而与 Windows 无关，所以我不能在这里以图形化的方式对每个版本的区别进行详细介绍。然而，如果你不介意使用命令行界面，在同一个域内，通过命令行去加载位于 192.168.2.3 的 Samba 服务器内的 Media 文件夹还是非常简单的。具体操作如下：

```
net use z: \\192.168.2.3\Media * /USER:pi /P:Yes
```

如果树莓派的设置正确无误的话，你应该可以看到 Media 文件夹作为"Z:"盘安装在你的计算机上。然而，Windows 7 系统和 Samba 共享文件夹的兼容性不是很好。如果你在确保一切设置正确的情况下，仍无法看到文件夹的内容（例如，系统提示你"Access Denied"（访问被拒绝）），请尝试不同的操作系统。因为这很可能是你的 Windows 操作系统的问题。

7.7   与 Linux / OS X 连接

"等等！"我似乎听到了在教室后排的你微弱的尖叫声，"如果我希望通过 Linux 或 Mac 操作系统的计算机连接到服务器呢？"

首先，如果你家的某台设备运行的是 Linux 系统，那么你不需要任何操作就可以连接到 Samba 服务器。而如果你使用的是 Mac 系统，那连接起来也是很容易的。打开 Finder，点击"Go"（前往），之后选择"Connect to server"（连接到服务器）（如图 7-3 所示）。

图 7-3　连接菜单（Mac 操作系统 10.13.4）

在弹出的窗口中，输入地址和共享文件夹，然后单击"Connect"（连接）（如图 7-4 所示）。在下一窗口输入你登录树莓派所使用的用户名和密码，之后在 Finder 窗口就可以访问作为共享硬盘的 Samba 共享目录了。如果你碰巧使用的是 Mac Mavericks 系统（OS 10.9），你以"pi"作为用户名进行连接可能会失败，但你可以用"Guest"身份进行连接。这是 Mavericks 系统的一个问题，很遗憾，这个问题我仍无法轻易解决。

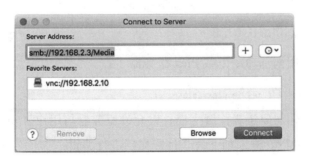

图 7-4　Mac 操作系统上弹出的"Connect to Server"窗口

你现在已经完成了 Samba 的安装工作，并可以将任何想要共享的文件放入共享文件夹，而且因为你已经设定了权限，所以你不必担心网络上其他设备意外删除 Media 内的任何文件。从共享文件夹内添加或删除文件的唯一途径只有从树莓派本身出发——这也是为音乐和电影采取的一点安全措施。

7.8 Kodi 和 Plex

如果所有这些对你来说太复杂，还有其他的选择。当你使用树莓派作为媒体服务器时，在我看来，两个最流行和有效的解决方案就是 Kodi 和 Plex。

让我们从 Plex 服务器开始，它对树莓派来说相对较新。你需要首先安装 HTTPS 传输包，它安装在 Raspbian 的某些版本上，但其他版本上不会。在终端中输入如下命令：

```
sudo apt-get install apt-transport-https
```

然后安装它或收听通知你拥有它的消息。

接下来，你需要将 dev2day 存储库添加到存储库列表中。为此，你需要一个用于添加 repo 工具包的密钥。在终端中输入：

```
wget -O - https://dev2day.de/pms/dev2day-pms.gpg.key | sudo
apt-key add -
```

一旦安装了密钥，就可以添加 repo 工具包了，输入如下命令：

```
echo "deb https://dev2day.de/pms/ jessie main" | sudo tee /etc/
apt/sources.list.d/pms.list
```

然后更新你的 repo 工具包清单，输入如下命令：

```
sudo apt-get update
```

现在你可以使用如下命令下载 Plex 服务器了：

```
sudo apt-get install -t jessie plexmediaserver
```

安装完成后，你需要编辑配置文档，以允许服务器与用户"pi"（我们的普通用户／登录名）一起运行。输入如下命令打开文档进行编辑：

```
sudo nano /etc/default/plexmediaserver.prev
```

将最后一行更改为：

```
PLEX_MEDIA_SERVER_USER=pi
```

保存你的更改，然后输入如下命令重启服务器：

```
sudo service plexmediaserver restart
```

最后，通过使用服务器的图形界面向服务器添加一些文件。打开浏览器，在地址栏中输入树莓派的 IP 地址，地址后面接：32400/web/。换句话说，如果树莓派的地址是 192.168.2.3，在地址栏中输入 192.168.2.3:32400/web/，并按 Enter。

系统将提示你登录到 Plex 账户（如果尚未创建，可能需要创建一个），然后根据提示向 Plex 服务器添加媒体文件夹。添加文件非常容易，即使它们位于外接硬盘上（这可能是你最终要做的事情）。图 7-5 显示了将库文件夹添加到服务器过程中的一个步骤。添加之后，Plex 将扫描文件，下载必要的信息（如电影海报图标、演员信息等），然后将其提供给客户端设备。

图 7-5　添加 Plex 媒体库

你只需要一个客户端设备就可以访问你的媒体文件，比如智能手机、平板电脑、智能电视，甚至 Kindle Fire 或 Firestick。

另一个选择是安装 Kodi。Kodi 曾经被称为 XBMC（Xbox 媒体中心），但后来被更新了。它通常用于 Linux 服务器，比如树莓派和 Android 电视设置。Kodi 运行在几个不同的操作系统之上，但我更喜欢 OpenELEC，它是 Open Embedded Linux Entertainment Center（开放嵌入式 Linux 娱乐中心）的缩写。

要安装 OpenELEC，你需要将它放在一个新的 SD 卡上，这样你就不会毁掉你所有树莓派项目中使用的 Raspbian 副本。在你的台式计算机上，访问 `http://openelec.tv/downloads`，并展开树莓派部分。为树莓派模型选择正确的版本，并按照说明将映像安装到 SD 卡上。

一旦安装完成并启动你的树莓派，OpenELEC 安装将引导你完成连接互联网（如图 7-6 所示）、配置 SSH 和 Samba，以及设置媒体库的过程。它比 Plex 安装要复杂一些，但它的可配置性也更高一些，所以很容易得到你喜欢的东西。

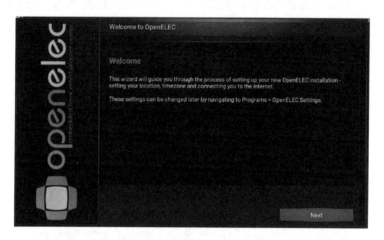

图 7-6　设置 OpenELEC

7.9　Python 在哪里

但是，等等！本章的 Python 在哪里？嗯，本章没有 Python 的内容。这是一个不用编程的很好的例子。可用的工具已经足够好了，而且有时知道何时不编程与知道何时编程是一样有意义的。

7.10　总结

在本章，你了解了在互联网和家庭网络中服务器和客户端的一些基本操作步骤。你学到了如何使树莓派同其他计算机（尤其是 Windows）和谐相处，以及如何在家庭网络中利用三种不同的免费文件共享软件，将你所有的媒体文件与每一台连接的设备共享。

下一章，你将学会如何利用树莓派保护家庭网络——不是免受黑客的攻击，而是防止物理的入侵者。

Chapter 8

第 8 章

家庭安防系统

生活在现代可能有些……好吧，让我们一起来面对事实吧：这种状态可能既恐怖而又紧张，目前到处充满了坏人们犯下的罪行。根据美国联邦调查局犯罪统计数据网站的调查显示，2016 年美国大约发生了 790 万起有关财产类的案件——根据可以获得的最新统计数据。尽管在过去的 14 年里，财产犯罪率一直在稳步下降，但过去那种生活在一条和平的街道，邻里彼此相识，互帮互助，出门上班都可以不用锁门的日子可能已经一去不复返了。

幸运的是，现在我们不仅可以保护我们的家园，还可以通过摄像头监视我们的房子（以照片或者视频监控的形式），将摄像头安置在需要监控的地方，之后实时视频便可传输至笔记本电脑或手机上。我们也可以在室内安装传感器，如运动传感器、总线开关等，并利用从这些传感器收集到的信息作为执行某些操作的触发器。如果你愿意多花些钱，还可以安装一个安防系统，这样它便会对你的家庭进行全方位的保护，从火灾警报、窃贼入室警报到一氧化碳（CO）泄漏的提醒。

碰巧的是，树莓派非常完美地做到了这些事情，而且相比于那些包含闭路摄像机和相关系统的整个安防网络而言，它要便宜得多。它足够小，足够省电，适合于现场进行安装，而且通过其板载的摄像头（甚至红外摄像头！）可以对重要时刻进行拍照记录，而且由于它可以连接到家庭网络当中，所以一旦发生异常情况，它还可以给你发送警告，这非常棒。

当然，你可以养一条用来看家的狗。这也确定是很多人（有些人会说一般人）所做的选择。但是让我们花点时间来考虑一下养狗和用树莓派的利弊。然后，我们就可以用树莓派来建造我们的家庭安全系统了。

8.1 用于安防的狗

众所周知，狗（家犬）是人类最好的朋友，它们被用来看家已有近 1 万年的历史。它们是狼的后裔，从小型的吉娃娃到大型的大丹犬，如今已经进化为具有各种大小各种形态的品种。

长期以来，狗的工作就是保护家园免受入侵者的袭击。它们十分忠诚，对人类家庭成员和它们的"窝"具有强烈的保护意识，它们会对入侵者吠叫，甚至攻击。但为了保持这种习性，它们需要食物——有时需求量还相当大。虽然它们常常看起来十分可爱，而且在寒冷的冬夜可以温暖你的双脚，但很遗憾，它们不得不进食，也就意味着它们不得不排泄——它们会将一切弄得臭烘烘的。

狗也无法升级。我最后一次试图把一个 USB 接口与我的狗相连时，它不停地在汪汪叫，然后逃向我的妻子。当你沿着公路行驶，它们把头探出窗外的样子看起来会十分可爱，可以你无法升级它们的驱动程序，或使用包管理器下载一个更有效的气体排放软件。

结果是，虽然狗非常适合看家，但是它们有一些严重的缺点。

8.2 用于安防的树莓派

树莓派（北美红树莓派）通常被视为业余机器人爱好者最好的朋友，而且它被用来制作各种疯狂的项目至少已有六年。这些设备是 20 世纪 80 年代早期 Acorn 公司 RISC 机的后裔，而且如前所述，有各种各样的版本：版本 1、版本 2、版本 3、版本 3+、Zero、Zero W 等。

尽管树莓派没有一个明确的工作，但作为一台计算机，它因会不顾一切地执行任何给出的命令而为人们所熟知。如果将其设定为寻找 1 至 10 000 之间的所有素数，它会立即执行。另一方面，如果你告诉它继续寻找素数直到猪飞到头顶，它会继续计算直到它的处理器耗尽或者直到猪长出翅膀。而且在做出这些惊人举动的同时，树莓派不需要进食，也不需要排泄。然而，缺乏有机物质代谢的代价是树莓派不能在寒冷的冬夜温暖你的双脚。(实际上，我收回那句话。版本 3 在做一些繁重的工作时，比如视频处理，可以变得很暖和。但它仍然很小，而且多刺)。

但你可以明智地使用 sudo apt-get install 命令对树莓派进行升级。同时，树莓派也支持 USB 设备的接入，而且通过编程你可以利用它使用传感器来监视你的房子及周边的地方，如果防御被突破的话，它也会向你发出提醒。但不幸的是，根据经验，如果你在街上开车时将树莓派探出窗外的话，人们一定会向你投来非常怪异的目光，但放心，不会有恶臭气体。

结果是，尽管树莓派有一些严重的缺点，但是这些缺点可以被克服。而且既然这本书是有关树莓派的，我们将用树莓派来实现这个工作。

8.3　使用传感器网络

家庭安防系统（以及第 6 章的气象站项目）是基于传感器网络（sensor network）的概念实现的。如果把计算机比喻为大脑，那么传感器就像感觉器官，可以从物质世界收集信息并与之进行交互。摄像机就像是眼睛，磁簧开关像是指尖，而压力开关就像被一只笨拙的狗踩住的脚趾。没有传感器，机器人什么都做不了，而且任何机器人的大脑都是完全依赖于传感器网络的。

事实上，这就是树莓派最大的优点——具有与传感器一样可以轻松与物理世界进行交互的能力。如今绝大多数的台式机和笔记本电脑都有它们有趣的接口（比如并行接口和串行接口），除此之外，只剩下一些孤独的 USB 接口和一个以太网口。这让它们无法与"真实"世界进行交互。但与此同时，树莓派可以通过其 GPIO 直接接入运动传感器，而且只需要几行代码你便可知道神秘人是否又在卧室后的树丛里爬行了。

在安防系统中，我们将用到多种传感器：红外运动传感器、压力开关、磁传感器，以及磁簧开关或限制开关。运动传感器可以放置在地面上的任何位置。将压力开关放置在门口效果会更好，因为入侵者很有可能从门口闯入。磁传感器可以用来检测窗户是否被打开，而磁簧开关可以用来判断是否有人触碰了闸线。如果任何传感器捕捉到了信号，我们还可以用树莓派的摄像头进行拍照，并在任何时候查看这些图片。最后，我们可以让树莓派利用家庭网络给我们发短信或电子邮件，告知我们安防系统检测到了什么有趣的事情，就像安全公司检测到警报后会给你打电话一样。

这是我们将使用的传感器网络。但这些只会实现基本功能，你也可以在此基础上进行扩展。虽然每种传感器我们仅会使用一个，但如果需要的话可以随意增加（例如，如果你需要在家里的每个窗户上都安装一个磁传感器）。

8.4　了解下拉电阻

在任何电路中使用输入的时候，你都需要了解并熟记一些重要的概念，即浮动输入和下拉（或上拉）电阻。基本上每当一个引脚（如树莓派的 GPIO）设置为从一个电压源（如传感器）中读取输入值时，在引脚读到某些电压值之前，读到的内容都称为浮动输入（floating input）。在传感器发送电压数据之前，引脚读到的数据几乎可以是任何值。这个不确定浮动的电压可能会严重干扰你程序的正常运行：如果你设置"当引脚读取的值为 2.3V 时程序执行自我毁灭操作"，而浮动值恰好是 2.3V……因此当没有数据读入时，我们需要另一个方法将引脚设定为已知值（如逻辑高电平或逻辑低电平）。

解决问题的方法就是使用上拉（pullup）或下拉（pulldown）电阻。这个电阻会安置在输入引脚和 Vcc 或 GND 之间（分别起到上拉或下拉的作用）。这样，如果没有输入数据的话，引脚读取到的值将为 Vcc 或 0，而且我们知道那些值的具体数值。这通常是由物理电阻（通常为 $10k\Omega$ 或 $100k\Omega$）来实现的，但许多开发板（包括树莓派）允许你通过软件来"虚拟地"实现——当你在有限的空间内进行操作时，这将是巨大的优势。通过使用 GPIO 库，你可以将一个引脚声明为 INPUT 状态，同时，按照以下的格式将其"拉下来"，就如同使用一个下拉电阻：

```
GPIO.setup(11, GPIO.IN, pull_up_down=GPIO.PUD_DOWN)
```

这句话表明在 #11 从传感器获取到电压值之前，将其读取的值设定为 LOW，读取到后，电压值被拉高至 HIGH，随后程序进行相关操作。当高电压值消失后，引脚再一次被拉回到 LOW，之后一直重复这个过程。上拉电阻几乎完成相同的任务，唯一的区别在于当输入消失之后，引脚的值被上拉至 HIGH（Vcc）。

8.5 零件购买清单

为了搭建一个功能齐全的家庭安防系统，你需要以下一些零件：

❑ 一个树莓派（很明显）及其电源适配器
❑ 树莓派摄像机模块
❑ 压力开关
❑ 磁传感器
❑ 运动传感器
❑ 磁簧开关
❑ 粗线轴的网线（不需要网线两端的接头——购买散装的可以省些钱）
❑ 焊锡、烙铁，及其他跳线和连接器

当然，这其中有些部分是可选的，一切都取决于你想让安防系统实现什么样的功能。随着安防系统的逐步扩展，你甚至可以在列表内添加一些内容。每一个添加至传感器网络中的传感器都会提高整个系统的功能。

8.6 以无线方式连接你的家庭网络

当你将树莓派作为安防系统的主控制器时，它就不得不连接到你的家庭网络，这样你可以远程登录并对其进行管理。而且当你的家庭受到侵害时，它还可以通过短信的形式告知你。连接到家庭网络时，你可以选择有线连接或无线连接。当然，每一种都有它的优点和缺点，但我强烈建议你使用无线连接。主要有两个原因：通过无线连接，你可以将树莓派放在任何地方，而无须考虑网线的位置；另一个原因则是无线连接更加安全——小偷可以通过剪断树莓派的有线连接以使系统失效，但无线连接不存在这样的问题。

你需要做的主要事情是设置树莓派，使其具有一个静态 IP 地址。这将允许你从任何地方远程登录到树莓派，无论上次远程登录后它是否已关闭。如果你让树莓派从你的家庭路由器动态接收其 IP 地址，如果树莓派必须重新启动，则 IP 地址可能会改变，这意味着你将无法登录（因为你不知道新地址是什么）。

幸运的是，为树莓派的无线连接设置一个静态 IP 并不困难，尽管它可能会让人感到困惑，因为每次发布一个新的树莓派模型时，方法似乎都会改变。你需要知道路由器的地址，通常是 192.168.0.1 之类的。

在树莓派的终端提示符中输入：

```
sudo nano /etc/dhcpcd.conf
```

然后滚动到文件的底部。在这里，你可以放置特定网络和特定地址的信息。假设你的路由器的地址为 192.168.0.1，而你希望树莓派的地址为 192.168.0.4。在 /etc/dhcpcd.conf 底部输入以下内容：

```
interface wlan0
inform 192.168.0.4
static routers=192.168.0.1
static domain_name_servers=8.8.8.8 8.8.4.4
```

第一行决定要设置的接口是有线的还是无线的。第二行是树莓派新的静态地址，第三行是路由器的地址。最后，第四行将 DNS 服务器设置为 Google 的 DNS。

输入这些信息后，重新启动树莓派。根据你的无线设置，你可能需要使用树莓派的桌面界面为你的个人网络添加密码。然而，一旦这样做了，你的树莓派将始终具有相同的地址。现在，即使它需要重新启动，你也可以随时登录该地址来管理它。

现在，为了使用这个静态 IP 地址，你需要在树莓派上运行一个 SSH 服务。当然你可能已经运行该服务了，这取决于你第一次如何设置树莓派。启动并运行 SSH 服务最简单的方法是使用 raspi-config 工具，在命令行输入如下命令：

```
sudo raspi-config
```

你将看到 raspi-config 的屏幕（如图 8-1 所示）

光标向下移动到选项 5，"Interfacing Options"（界面选项），按右箭头键高亮显示 <Select>，然后按 Enter 键。将光标向下移动到 P2 SSH，再次高亮显示 <Select> 并按 Enter 键。确保 <Yes> 在下一个屏幕上高亮显示（如图 8-2 所示），然后按 Enter 键。

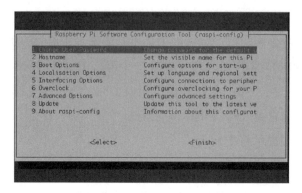

图 8-1　raspi-config 工具

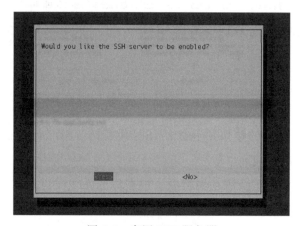

图 8-2　启用 SSH 服务器

选择 <Finish>，按下 Enter 键即退出 raspi-config 工具了。通过输入如下命令重启：

```
sudo reboot
```

之后，SSH 服务便会启动并运行。现在，你可以从任何地方远程登录树莓派。如果你正在使用 Windows 的机器，需要下载一个名为 PuTTY 的免费工具，以便可以登录到树莓派。如果你使用的是 Mac 或 Linux 机器，ssh 应该已经启用了。只需输入以下的命令即可：

```
ssh -l pi <your pi's IP address>
```

在密码提示符下输入 raspberry，之后你就进入系统了！如果使用的是 PuTTY

软件的话，在文本框内输入树莓派的 IP 地址，添加用户名和密码，并单击"连接"，也可以达到同样的效果。现在你可以在任何地方通过命令行管理你的树莓派了。

8.7　访问 GPIO 引脚

如前所述，如果你已经读过本书的其他章节，应该知道树莓派的 GPIO 引脚是树莓派与物理世界连接的接口，如传感器、舵机、电机、LED 灯等都是通过 GPIO 相连的。为了使用 GPIO，我们会用到一个特别为此设计的 Python 库：RPi.GPIO。

为了使 RPi.GPIO 正常工作，你可能需要手动安装两个其他的库。（这取决于当前树莓派运行的版本。）首先确保你的树莓派的版本是最新的，输入以下命令：

```
sudo apt-get update
```

然后输入以下命令安装相关库：

```
sudo apt-get install python-dev
```

现在，为了访问树莓派，在程序第一行调用：

```
import RPi.GPIO as GPIO
```

并通过以下命令进行配置：

```
GPIO.setmode(GPIO.BOARD)
```

这明确了每一个引脚的信息，而它们都标注在一个标准的引脚排列图上（如图 8-3 所示）。

> 📷 **注意**　请记住，在使用 GPIO.setmode（GPIO.BOARD）对引脚 11 进行操作时，实际上是对物理上的 #11 引脚进行操作（这相当于图 8-3 中的 GPIO17），而不是 GPIO11，GPIO11 实际上指向的是物理的 #23 引脚。

设置好模式后，你可以将每个引脚设置为输入或输出模式。熟悉 Arduino 的用户可能会明白这里的概念：

```
GPIO.setup (11, GPIO.OUT)
GPIO.setup (13, GPIO.IN)
```

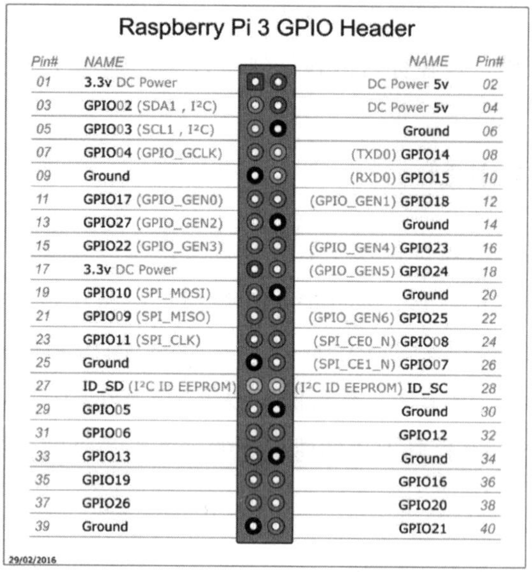

图 8-3　树莓派的 GPIO 引脚分布图

一旦你将一个引脚设定为输出后，你便可以输入以下命令对其发送电压值（打开它）：

```
GPIO.output (11, 1)
```

或者

```
GPIO.output (11, True)
```

随后，使用如下命令将其关闭：

```
GPIO.output (11, 0)
```

或者

```
GPIO.output (11, False)
```

当你将一个引脚配置为输入时，如前面我们讨论的，记得要搭配一个上拉或下拉电阻。

8.8　设置运动传感器

家庭安全网络最重要的部分可能就是运动传感器了（如图 8-4 所示）——当然

还有一些需要注意的细节。你不能仅仅依靠运动传感器就做出判断，因为当你设置好以后，它可能会被邻居家的猫所触发，也可能是 Yeti（雪人）（不一定是坏事哦）。然而，如果你配合其他传感器一起使用的话，应该会得到一个更准确的结果。

图 8-4　运动传感器

我们使用的传感器会根据视差或接近克隆的方法，通过检测周围环境中由物体发射的红外线（热）水平的变化来判断物体是否运动。同大多数传感器一样，它通过向输出引脚输出"HIGH"或者"1"信号来表明检测到了运动变化。它有三个引脚：Vcc、Gnd 和 Output（输出）。

引脚（如图 8-4 所示，从左侧开始）依次为 OUT、+ 和 −。这个特殊的传感器的优点便是它可以使用从 3V 到 6V 间的任何电压为其供电。为了便于测试和使用，请将（−）连接到树莓派的地处（#6），将（+）连接到树莓派的 5V 处（#2），最后将 OUT 连接到任意一个 GPIO 上。

为了测试传感器及我们编码的实力，我们将从设置相关 GPIO 开始。我们可以使用一个简单的设置来测试我们的代码——当传感器捕获到信号时，实验板上的 LED 会亮起。通过输入 nano motion.py 命令新建一个 Python 程序（我们称之为 motion.py），并输入以下内容：

```python
import RPi.GPIO as GPIO
import time

GPIO.setwarnings (False) #eliminates nagging from the library
GPIO.setmode (GPIO.BOARD)
GPIO.setup (11, GPIO.IN, pull_up_down=GPIO.PUD_UP)
GPIO.setup (13, GPIO.OUT)

while True:
    if GPIO.input (11):
        GPIO.output (13, 1)
    else:
        GPIO.output (13, 0)
```

这就是用于测试的代码！为了进行测试，首先将传感器的（+）连接到树莓派的 #2，OUT 连接到树莓派的 #11，（−）连接到实验板的公共地处。最后，将树莓派的 #13 连接到 LED 的正极（同时连接一个电阻），并将 LED 的负极和公共地相连。完成后应该和图 8-5 类似。

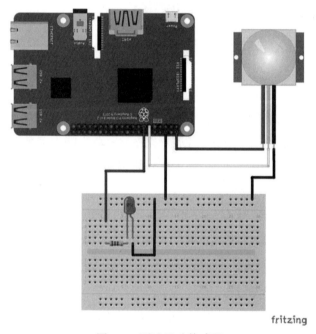

图 8-5 测试运动传感器

在你运行前面的程序后（因为你正访问 GPIO，所以记得要使用 sudo），当你在传感器的周围移动手时，LED 灯应该会亮起，如果几秒钟不运动的话，LED 灯则会暗下。如果不是这样的话，请检查各个部件及连接部分——烧坏的 LED 灯可能会引起各种令人头痛的故障，相信我！

让传感器先那样连接着吧，因为我们将在系统中用到它。现在让我们介绍磁簧开关。

8.9 设置磁簧开关

磁簧开关，又称限制开关，除了用在我们的安防系统中，在许多情况下都是一个很有用的工具。它常用于限制机器人的运动，例如，控制驶向墙壁的小车，或是操纵机械臂夹起某个物体。其原理很简单：开关通常为断开状态，无电压通过，从主体的开关部分突出一个类似于控制杆的支架。当外界物体压住控制杆的时候，开关闭合，并将电压发送至整个电路——在我们的例子中，树莓派的 INPUT 一直在监听该信号。我们所使用的限位开关也称为"超小型速动开关"（如图 8-6 所示）。

图 8-6　限位开关

开关另一侧突出的部分可以允许远处的物体以非接触的方式闭合开关——通过开关突出的小驼峰。它有三个接头，因为我们只对开关闭合感兴趣，所以只会使用其中的两个。

在我们的实例中，限位开关的使用不是为了判断是否有一个物体正在靠近，而是用来判断是否有一根绊线被拉动。你可以将开关装在墙上，从对面的墙上引出一根细线或钓鱼线，并连接到开关的控制杆。将其调整在适当位置上，确保有人触碰绊线时，会拉动控制杆，并最终闭合开关。

因为这里我们使用的是一个物理开关，而不是一个像运动检测器一样的传感器，所以我现在介绍的 debouncing（消除抖动）概念就十分重要。所有的物理开关都有一个共同点：它们通常由金属弹簧构成，所以当它们第一次启动时，往往会反弹一次或多次才能稳定接触。这样会导致在输出电压稳定在 HIGH 或 LOW 之前，出现快速的开 - 关 - 开 - 关 - 开 - 关的"抖动"现象。为了解决这个问题，我们在数据不再来回跳动之后再读取数据，以此消除开关的抖动现象，具体做法如下：

```
import time
prev_input = 0
while True:
    #take a reading
```

```
input = GPIO.input(11)
#if the last reading was low and this one high, print
if ((not prev_input) and input):
    print("Button pressed")
#update previous input
prev_input = input
#slight pause to debounce
time.sleep(0.05)
```

这一小段代码有效地说明了这个概念。如果一个按钮距上一次按下的时间不足 0.05 秒，其结果将被忽略。

我们先将它连接到 GPIO 上，并确保状态改变时我们可以读取它的输入数据，之后开始测试开关。如果仅使用开关的话，可以将树莓派的电源（#2）连接到开关最左边的引脚，如图 8-7 所示。然后将中间的引脚和树莓派的 #11 连接。之后，试试下面的代码：

```
import time
import RPi.GPIO as GPIO
GPIO.setwarnings (False)
GPIO.setmode (GPIO.BOARD)
GPIO.setup (11, GPIO.IN, pull_up_down = GPIO.PUD_DOWN)
prev_input = 0
while True:
    input = GPIO.input (11)
    if ((not prev_input) and input):
        print "Button pressed"

    prev_input = input
    time.sleep (0.05)
```

当你运行这个程序时（记得要使用 sudo），按下开关后，电压将直接由 #2 传到 #11，因此 #11 的值应为 HIGH。这是一个去抖动信号，并且当你按下按钮时，树莓派应该显示"Button pressed"。恭喜！你已经可以判断开关的状态了！

让我们研究下一个开关。

8.10 设置压力开关

尽管压力开关和限位开关看起来不太一样，但实际上它们非常相似（如图 8-7 所示）。

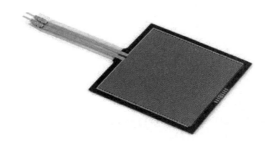

图 8-7　压力开关

相比于物理控制杆和按钮而言，方垫压力传感器的原理仅仅是当压力改变时改变电压。因此，它甚至比限位开关还容易连接。将树莓派的 #2 连接到其中的一根引线，#11 连接到另一个引线。然后运行刚才限位开关的程序，并通过将手指按压在垫子上来测试其效果。瞧！你现在已经可以从压力开关读取数据了！如果将其放置在门口脚垫下面，这将是一个读取足迹的完美工具。

8.11　连接磁传感器

磁传感器（如图 8-8 所示）是一个小型装置，通常只应用于一些特定场景。对于像我们这样的应用而言，磁传感器就能派上用场。它会测量周围的磁场，一旦磁场发生改变便会发送信号。正是由于这个特性，它可以用来判断两片金属的相对位置是否发生改变。

为了确保我们不会读取到任何虚假数据，我们可以使用一些小的外部磁铁来影响传感器。为此我们使用两个钕磁铁。

图 8-8　磁传感器

为了测试我们的磁传感器，我们依然可以使用一直在执行的 switch.py 代码。将传感器引出的两根跳线连接到传感器的连接器，然后将它们连接到树莓派：红色

跳线连到 #2，黑色连到 #6，白色连到 #11。现在只需要对代码进行简单改写，然后运行：

```
import time
import RPi.GPIO as GPIO
GPIO.setwarnings (False)
GPIO.setmode (GPIO.BOARD)
GPIO.setup (11, GPIO.IN, pull_up_down = GPIO.PUD_DOWN)
prev_input = 0
while True:
    input = GPIO.input (11)
    if ((not prev_input) and input):
        print "Field changed"

    prev_input = input
    time.sleep (0.05)
```

想要终端界面显示数据，你需要将磁铁靠近传感器（你可能需要以不同的距离和速度进行测试。根据我的经验，只有当磁铁十分靠近传感器时才会有效果）。之后，程序会提示"field changed"。完成这样一个小实验后，你就会知道，如果想要读取磁场的变化并将其添加至你的安防系统，你可以将磁传感器放置在滑动窗的一侧，将磁铁放置在窗户的另一侧。一旦窗户打开，磁传感器便会记录磁铁的运动情况。

8.12 设置树莓派的摄像机

最后，树莓派之所以可以用作安防系统，最关键的因素便是它具有通过小型内置的摄像头进行拍照的能力。这意味着为了拍到有趣的东西，必须把树莓派放在一个战略位置，而且树莓派体积小巧，因此为它找到一个合适的位置应该不难。

为了进行拍照，你必须在树莓派上安装两个组件：无线模块和摄像机模块。之前我们提及过无线的设置。如果你还没有配置摄像机，可以通过 raspi-config 工具进行相关操作。

启用摄像机后，你便可以使用两条命令：raspistill（拍摄图片）和 raspivid（拍摄视频）。每一条命令都可以根据不同的标志和参数改变帧的大小、捕获率及其他配置。

由于传输实时视频，可能需要安装一些比较难设置的软件工具，故我们仅考虑拍摄静态照片。拍一张照片的操作仅需要在命令行内简单调用 `raspistill` 即可，或者使用 `picamera` Python 库（我们将使用这个库），要进行尝试，在一个新的 Python 脚本中输入以下内容：

```
from picamera import PiCamera
camera = PiCamera()
camera.capture('image.jpg')
If you get the message that picamera is unknown, you'll need to
install it with
sudo apt-get install python-picamera
```

确保你的 `raspi-config` 工具已经启用了它。之后，一张名为"image.jpg"的静态图像将存储在当前目录中。我们可以将此拍照功能放在 `take_pic()` 函数内，并在传感器触发时调用它。这样我们便有了证据，或许会需要用它来进行佐证！

8.13　利用树莓派发送短信

在我看来，发生异常情况时，利用树莓派给你发送信息是这个项目中最酷的事。如果你打算外出，这会很有用。从树莓派发出的通知可以尽快告知你是否需要给邻居（或警察）打电话，让他们检查你的房子。这其实也很简单：通过本地网络，树莓派将发送一封电子邮件，然后手机运营商会将其转换成 SMS 或短信。

你需要一个可以访问网络的电子邮件账户。例如，我们大多数人都有一个 Gmail 或 Yahoo 的账户。你还需要知道如何利用手机运营商通过电子邮件发送短信。每个运营商的处理方式都略有不同，但基本概念是相似的——通过向一个特定号码发送电子邮件（例如，`<mobile_number>@txt.carrier.net`），便可以将邮件转换为一则短信。我的运营商是 AT&T 公司，所以，如果你发邮件到 `19075551212@txt.att.net`，它将以文本形式发送。与你的特定运营商核实使用何种地址和格式，如果这些信息在他们的网站上不容易找到，可以咨询技术人员。然后，使用 Python 的 `smtplib` 库，便可将电子邮件发送到手机中。

使用以下的代码，可能是最简单的操作方式了：

```
def send_text(str):
    HOST = "smtp.gmail.com"
    SUBJECT = "Break-in!"
    TO = "xxxxxxxxxx@txt.att.net"
    FROM = "python@example.com"
```

```
text = str
BODY = string.join(("From: %s" % FROM, "To: %s" % TO,
"Subject: %s" % SUBJECT, "", text), "\r\n")
s = smtplib.SMTP('smtp.gmail.com',587)
s.set_debuglevel(1)
s.ehlo()
s.starttls()
s.login("username@gmail.com", "mypassword")
s.sendmail(FROM, [TO], BODY)
s.quit()
```

使用字符串调用 `send_text()` 函数，例如："天呐，我被抢劫了！"便可将其转换为短信发到你的手机上。显然，这段代码是通过 AT&T，并使用一个 Gmail 账户来实现的。你需要根据你的运营商及电子邮件服务提供商做必要的调整。如你在前面代码的第 9 行所看到的那样，Gmail 的 `smtp` 访问是通过 587 端口进行的，Yahoo 或 MSN 的情况可能有所不同。当你在任何传感器上检测到有数据输入时，可以调用此函数，甚至可以根据哪个传感器被触发来调整发送的信息内容。

8.14 实现回调

在本项目中，还有一个重要的想法未被探究，那就是回调（callback）的概念。你可能已经注意到，检查每个传感器没有捷径，你必须依次"排查"每个开关，而且希望在你做其他事情的时候没有异常发生。如果你只有三四个开关或传感器的话，这不是什么大问题。但当你安装安防网络之后，在事件从发生到被通知期间的延时可能会大到难以置信；当你检查磁传感器 #16 时，可能会触碰限位开关 #2，而接下来的几秒你可能不会知道这个误碰。当然，那个时候强盗可能已经悄悄溜过警戒线，然后打破你所有的盘子或者偷走你的《星球大战》纪念品。

幸运的是，Python（和树莓派）对开关检测问题有一个很好的解决方式。它嵌入在 `RPi.GPIO` 库中，称为：线程的回调中断（threaded callback interrupt）。这允许我们可以为每一个开关开启一个不同的程序线程。每个线程都将进入一个什么都不做的"等待"模式，而其余的程序（及其余的线程）会继续它们自己的任务。如果某个开关被触碰，会立即给主程序发送一个回调或中断，让它知道（"嘿！我这里有动静！"），并执行我们需要执行的功能。这样，我们就可以确保不会错过任何一个重要的按钮或开关了。同时，所有其他的线程会继续它们自己的等待模式。在这种模式下，会以一个开关的功能作为基础。如果某一个开关发生了变化，你便可以结束程序。否则，整个程序会始终运行在一个 while 循环里。

这个回调的特性可以由以下两个函数中的任意一个实现：GPIO.wait_for_edge() 或 GPIO.add_event_detect()。GPIO.wait_for_edge() 的功能是：等待任意一个引脚的上升沿或下降沿，并在检测到变化时行动。另一方面，GPIO.add_event_detect() 则会等待某一个特定引脚的上升沿或下降沿，然后根据声明的参数调用函数。你可以在本章后面的最终代码中看到这两个函数的具体使用方式。但你需要知道，对于每一个传感器或开关，我们都有一个独特的回调函数——对于传感器而言唯一的函数，这样我们便可以精确地知道是哪个开关被触碰了。

8.15　连接所有的部件

既然我们已经解决了项目中所有的难题，让我们迅速看看如何将一切连接到一起。

你需要使用网线作为所有的连接线；它很硬，易于使用，而且（最主要的）防水。剥去外壳，露出里面的电线，将其分开，并仅保留 2-3 条线用以将每个传感器连接到树莓派上。你还需要在树莓派的附近放置一个小的实验板，因为所有的连接都需要共用地。

为树莓派找一个合适的地方安置（不担心电池），安装好摄像头，以便可以将每一个动作拍成清晰的照片。一旦你找到了之后，你可以使用腻子把一切固定在合适的位置。

最后，为所有的传感器找到合适的位置。记住，它们不需要放在树莓派可视的范围内：只要你可以通过网线连接到它们，这就是一个好位置。将线系牢，并保证没人可以分开它们。将所有负极连接到实验板上的公共地，并将每一个正极连到对应的 GPIO 上。在这个阶段，将每一个传感器所对应的引脚记录下来应该会更好，这样你可以在后面的代码中参考。

8.16　最终代码

现在你已经完成了这个项目中所有独立的部分。剩下的工作就是将它们综合在你最后的代码里。效果应该和下面的类似（你可以在 apress.com 中下载名为 home_securit.py 的最终代码文件）：

```python
import time
import RPi.GPIO as GPIO
from picamera import PiCamera
import string
import smtplib

GPIO.setwarnings (False)
GPIO.setmode (GPIO.BOARD)
time_stamp = time.time() #for debouncing
camera = PiCamera()

#set pins
#pin 11 = motion sensor
GPIO.setup (11, GPIO.IN, pull_up_down=GPIO.PUD_DOWN)
#pin 13 = magnetic sensor
GPIO.setup (13, GPIO.IN, pull_up_down=GPIO.PUD_DOWN)

#pin 15 = limit switch
GPIO.setup (15, GPIO.IN, pull_up_down=GPIO.PUD_DOWN)

#pin 19 = pressure switch
GPIO.setup (19, GPIO.IN, pull_up_down=GPIO.PUD_DOWN)

def take_pic(sensor):
    camera.capture(sensor + ".jpg")
    time.sleep(0.5) #wait 1/2 second for pic to be taken before
    continuing

def send_text(details):
    HOST = "smtp.gmail.com"
    SUBJECT = "Break-in!"
    TO = "xxxxxxxxxx@txt.att.net"
    FROM = "python@mydomain.com"
    text = details
    BODY = string.join(("From: %s" % FROM, "To: %s" % TO,
"Subject: %s" % SUBJECT, "", text), "\r\n")
    s = smtplib.SMTP('smtp.gmail.com',587)
    s.set_debuglevel(1)
    s.ehlo()
    s.starttls()
    s.login("username@gmail.com", "mypassword")
    s.sendmail(FROM, [TO], BODY)
    s.quit()

def motion_callback(channel):
    global time_stamp
    time_now = time.time()
```

```
        if (time_now - time_stamp) >= 0.3: #check for debouncing
            print "Motion detector detected."
            send_text("Motion detector")
            take_pic("motion")
        time_stamp = time_now
    def limit_callback(channel):
        global time_stamp
        time_now = time.time()
        if (time_now - time_stamp) >= 0.3: #check for debouncing
            print "Limit switch pressed."
            send_text("Limit switch")
            take_pic("limit")
        time_stamp = time_now
    def magnet_callback(channel):
        global time_stamp
        time_now = time.time()
        if (time_now - time_stamp) >= 0.3: #check for debouncing
            print "Magnetic sensor tripped."
            send_text("Magnetic sensor")
            take_pic("magnet")
        time_stamp = time_now

#main body
raw_input("Press enter to start program\n")

GPIO.add_event_detect(11, GPIO.RISING, callback=motion_callback)
GPIO.add_event_detect(13, GPIO.RISING, callback=magnet_callback)
GPIO.add_event_detect(15, GPIO.RISING, callback=limit_callback)
# pressure switch ends the program
# you could easily add a unique callback for the pressure switch
# and add another switch just to turn off the network
try:
    print "Waiting for sensors..."
    GPIO.wait_for_edge(19, GPIO.RISING)
except KeyboardInterrupt:
    GPIO.cleanup()

GPIO.cleanup()
```

8.17　总结

在这一章中，你了解到了传感器与传感器网络，以及如何将不同传感器与你的树莓派 GPIO 引脚相连。你设置了限位开关、压力开关、磁传感器以及运动传感器（下一章树莓派驱动的猫玩具中也会用到该传感器）。结合你在这里获得的知识，你现在应该有能力搭建一个功能齐全的安防系统，其扩展程度取决于你所拥有的传感器的数量，以及将它们结合在一起所用的电线数量。

第 9 章

猫　玩　具

大多数人都应该对"猫追小红点"的小游戏非常熟悉。这个游戏非常受欢迎，甚至在"怪物史莱克"（Shrek）系列的一部电影中都出现过短暂的一幕。有些猫会在激光光点消失之前一直追逐，有些猫则只会追逐片刻。但无论如何，任何一名养猫人士都应该和自己的猫咪玩一下这个游戏。

但是，如果当你不在的时候也可以同猫咪玩红点游戏，那样岂不是更好？激光指示器不一定非要由人手持操控，这可能和你想得不一样。通过一点编程和机械工程的魔力，你就可以打造一个自动的逗猫玩具。

但在本章将要搭建的猫玩具项目中，我们不会仅满足于"自动"的特性。毕竟，无论猫是否感兴趣，猫玩具都会一直动，这没有太大意义。所以，我们会为其添加一些特殊装置—红外传感器。这样一来，程序仅会当猫在时才运行，当猫离开房间的时候关闭。

准备好了吗？让我们先从项目所需的部件开始打造猫玩具吧。

9.1　零件购买清单

除了操作简单并可在家里自制外，制作成本相对低廉也是本项目的另一优点。你需要以下物品：

❑ 一台树莓派

❑ 两台标准（不连续）的舵机——我推荐 Parallax 900-00005（http://www.
parallax.com/product/900-00005）。实际上，任意一种都可以满足需求

❑ 一个便宜的激光指示器，你可以在宠物店花大约 10 美元购买到（如图 9-1
所示）。

❑ 一个 PIR 运动传感器（http://parallax.com/product/910-28027）

❑ 胶 / 环氧树脂

❑ 杂色导线（红色，黑色等）

❑ 平头螺钉

❑ 电工胶带

❑ 冰棍棒

❑ 9V 电池

❑ 用来装载一切事物的容器——我用的是 PVC 管的一小段

图 9-1　猫玩具所使用的普通的激光指示器

9.2　玩具背后的设计理念

制作这个玩具的关键工作就是随机运动（random motion）。如果将程序设定为
做出一系列同心圆的运动，在一次又一次的玩耍过程中重复相同的模式，那么过
不了多久，猫就会识别这个特定的模式，并感到厌倦。但是，通过使用 Python 的

random 或 randint 函数，你就可以生成随机的运动模式，并充分调动你的猫（也可能是你的孩子）的积极性了。

另外，要注意分别将两个坐标（x 轴和 y 轴）内的运动随机化，同时还需将运动限制在一定范围内（这里需要考虑到随机函数的参数及舵机的运动范围）。你会用到两台舵机，但它们会连接在一起以便控制激光指示器的运动。为了控制舵机，同本书中其他几个项目一样，我们将使用树莓派的 GPIO 引脚及 Python 的 GPIO 库。这个项目的另一个好处是：舵机的功耗会很小，这样只需使用一个 9V 电池为其供电就可以了。但你仍需要将它们和树莓派分开供电（无论是什么项目，这总是一个好想法），不过此处你并不需要像许多其他项目一样准备一个复杂的电池装置。

9.3 创建和使用随机数

你也许觉得创建和使用随机数的操作十分简单。只需要调用一个函数，得到一个随机整数，然后继续相关操作即可。这可能是它的具体操作步骤，也是我们大多数人所想的那样，但随机数实际的生成过程是十分有趣的——随机数是许多计算机科学家和数学家重点研究的内容（详见"哦，随机性"部分）。在 Python 中，你可以使用几个内置的函数获得随机数。首先介绍一下 random() 函数，通常这已经够用。random() 函数返回一个浮点数（十进制位浮点数）。它不需要任何参数，返回一个 0.0 到 1.0 之间的随机数。一般来说，这个函数十分有用，但对于我们而言，需要更大一些的数字——最好是以整数的形式，而这可以通过 randint() 函数来实现。

哦，随机性

自古以来，人类想出了许多产生"随机"数字的方法，从抛硬币、掷骰子，到洗扑克牌等。对于大多数应用，刚才任何一种方法都可用来产生一个或一组随机数字。如果你需要决定哪一方先开球的话，可以抛硬币。从 52 张牌中抽出一张的随机性十分大，因此当魔术师成功猜中抽出的卡片时会令在场的观众十分震撼。

然而，在真实的数学和统计学问题中使用这些产生随机数的方法会存在两个问题。首先，这些方法都是基于物理系统模型产生的——无论是在空气中翻滚的硬币，还是在不规则的地面上滚动的近正方体的骰子。因为它们都属于物理系统，所以无法办到真正的随机性。只要不断迭代，一个模式最终会在系统内显露出其不完善之处。例如，对于硬币而言，由于两面刻的图案不同，导致两面的重量有轻微的偏差。如果抛硬币的次数足够多，这一偏差最终会体现在得到的结果上。这可能需要抛数百万或数十亿次硬币，但终究会出现在结果上。同样，骰子的形状也不可能是完美的正方体，重量也不会是均匀分布的，当投掷的次数积累到一定数量时，投掷的结果还是会因这些外在因素而形成定式。

其次，产生随机数的方法非常耗时。如果需要 100 万个随机数，需要抛很长时间的硬币才能得到所有数据。这对于大量数据而言不太现实。

但是计算机善于处理巨大的数字数据，它们可以以非常快的速度产生这些随机数。普通的台式电脑产生随机数的理论速度可以达到 7 Gigaflops（相当于每秒 7 亿次浮点计算）。以这样的速度，产生一百万个随机数需要……嗯，让我看看……进位 2……除以黄色……嗯……7 毫秒。比洗牌快多了。

然而，计算机同样也是物理系统。是的，你的确可以说随机数是在计算机中央处理器内部的"电子空间"内产生的，但处理器是一个物理硅芯片，包含物理晶体管和导线。不管你使用什么程序生成随机数，它们最终会显示出一个模式表明它们并不真正的随机。现在，你应该理解为什么数学家和科学家对随机数如此痴迷了。一个真正的随机数生成器不止在密码学应用广泛，在许多科学领域中都将起到巨大的作用。大多数密码都基于随机散列码；但真正的随机代码将难以破解——这也就是随机数引人入胜的原因之一。

目前创建长字符伪随机数的随机数发生器所使用的算法，通常是基于乘法和取模运算的组合。尽管产生的随机数能满足大多电子游戏的需求，但不一定完全可靠，具体还要根据算法的质量而定。换言之，你用来产生随机数的算法可能无法阻止一台超级计算机破解该随机数，但它足以在你玩《使命召唤》时生成对手：那天我们都死在街区六年级学生的手里。

这个生成过程就是为什么当你开始一个程序，将使用随机数时，你必须将另一个数字作"种子"添加至随机数发生器，从而产生随机数，而"种子"可以是当天的日期或计算机的系统时间。这个随机种子仅仅是一个用来初始化程序中随机数向量算法的简单数字。只要忽略最初的种子，后续初始化的环节应该可以提供足够多的随机数。当然，这种操作最终也会呈现出一种固定模式，这不可避免，但随机种子生成器应该可以满足大多对随机数的需求，这其中便包含了随机运动的光点猫玩具。虽然薛定谔的猫可能不会被愚弄，但你的猫应该会。（抱歉，这只是一个物理幽默。）

根据 Python 的说明文档，randint(a，b) 将返回一个在 a 和 b 之间的随机数 n（包含 a 和 b）。换言之，以下的代码：

```
>>> import random
>>> x = random.randint(1, 10)
>>> print x
```

将输出 1，2，3，4，5，6，7，8，9，或者 10。我们将用其为舵机产生合适的位置。

> 注意 你可以在 http://docs.python.org 中找到 Python 的帮助文档。强烈建议你在学习编程语言时养成查询文档的习惯。你也可以在 Python 命令行内输入 help(功能)，这样也可以看到同样的材料。

9.4 使用 GPIO 库

既然你大概知道了要如何产生随机数，你就需要知道如何控制将要和树莓派连接在一起的舵机。幸运的是，树莓派中已经预装了一个专为实现该功能的 Python 库。通过调用这个库，我们便可以访问树莓派的 GPIO 引脚了，而这个库就叫作 RPi.GPIO。

如果你还没有手动安装 Python 开发库，那么你可能需要手动安装。首先确保你的树莓派是最新版本，输入以下命令：

```
sudo apt-get update
```

然后通过输入以下内容来安装这些包：

```
sudo apt-get install python-dev
```

现在，我们就可以开始编写这个项目的最终代码了。请记住，最终代码名为 cat-toy.py，可从 Apress.com 网站上下载。现在，为了在树莓派中使用，你可以在程序最初的几行内调用以下内容：

```
import RPi.GPIO as GPIO
```

然后输入以下命令对它进行配置：

```
GPIO.setmode(GPIO.BOARD)
```

这会让你明确每一个引脚的信息，而它们都标注在一个标准引脚排列图上，如图 9-2 所示。

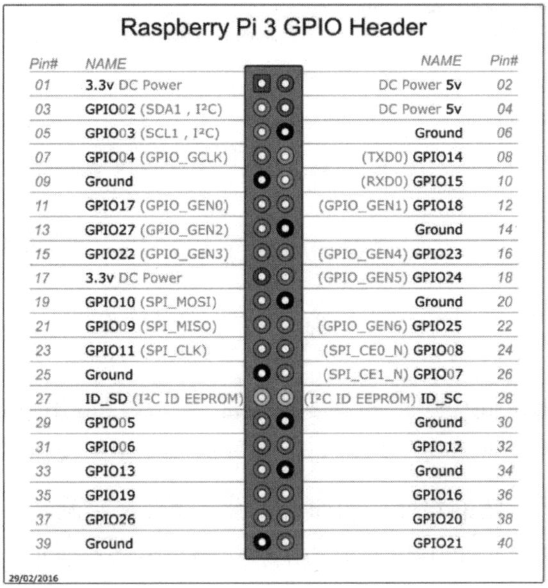

Raspberry Pi 3 GPIO Header

Pin#	NAME		NAME	Pin#
01	3.3v DC Power		DC Power 5v	02
03	GPIO02 (SDA1 , I²C)		DC Power 5v	04
05	GPIO03 (SCL1 , I²C)		Ground	06
07	GPIO04 (GPIO_GCLK)		(TXD0) GPIO14	08
09	Ground		(RXD0) GPIO15	10
11	GPIO17 (GPIO_GEN0)		(GPIO_GEN1) GPIO18	12
13	GPIO27 (GPIO_GEN2)		Ground	14
15	GPIO22 (GPIO_GEN3)		(GPIO_GEN4) GPIO23	16
17	3.3v DC Power		(GPIO_GEN5) GPIO24	18
19	GPIO10 (SPI_MOSI)		Ground	20
21	GPIO09 (SPI_MISO)		(GPIO_GEN6) GPIO25	22
23	GPIO11 (SPI_CLK)		(SPI_CE0_N) GPIO08	24
25	Ground		(SPI_CE1_N) GPIO07	26
27	ID_SD (I²C ID EEPROM)		(I²C ID EEPROM) ID_SC	28
29	GPIO05		Ground	30
31	GPIO06		GPIO12	32
33	GPIO13		Ground	34
35	GPIO19		GPIO16	36
37	GPIO26		GPIO20	38
39	Ground		GPIO21	40

29/02/2016

图 9-2　GPIO 引脚说明

注意　请记住，在使用 GPIO.setmode（GPIO.BOARD）对引脚 11 进行操作时，实际上是对物理上的 #11 引脚进行操作（这相当于图 9-2 中的 GPIO17），而不是 GPIO11，GPIO11 实际上指向的是物理的 #23 引脚。

设置好模式后，你可以将每个引脚设置为输入或输出模式。熟悉 Arduino 的用户可能会明白这里的概念，但对于树莓派，请按照以下格式输入：

```
GPIO.setup (11, GPIO.OUT)
GPIO.setup (13, GPIO.IN)
```

将一个引脚设定为输出，你便可以通过以下命令为其发送电压值（打开它）：

```
GPIO.output (11, 1)
```

或者

```
GPIO.output (11, True)
```

随后使用如下命令将其关闭：

```
GPIO.output (11, 0)
```

或者

```
GPIO.output (11, False)
```

我们将使用两个引脚作为舵机的控制端：一个为激光指示器供电，另一个从红外传感器中读取数据。

9.5 控制舵机

舵机是许许多多不同应用中的重要组成部分，这些应用小到无线电遥控汽车，大到高端的机器人。究其根本，舵机与直流电机并无太大区别。然而，你可以通过软件精细地控制电机旋转的角度。例如，如果你需要将它旋转 27.5 度后停止（假设舵机可以达到这个精度），你只需将对应的程序命令发送给它即可。

那么，如何通过树莓派上的 GPIO 做到这一点呢？遗憾的是，你不能只将舵机的信号线（通常情况下是白色的那根）连接到 GPIO 的输出，输出一个正极或负极的电压并指望它能正常工作。当然这样可能可以工作，但过一会儿可能又无法工作。

答案就在于舵机的控制方法。作为模拟硬件，它们比当今很多如树莓派一样的数字硬件要早很多。它们使用脉冲宽度调制信号进行操作。为了正确控制它们，你所使用的机器（无论是通过 Arduino 的引脚、串口线或者是树莓派的 GPIO）必须可以发送 PWM 信号。如果要设置舵机的位置，你需要向其发送规则脉冲的电流信号——平均脉冲的速率是每秒 50 次——而不是一个长脉冲。这每秒 50 次的脉冲可以理解为每隔 20 毫秒发送一个脉冲信号。

此外，脉冲的长度决定了舵机的位置。例如，每 20 毫秒发送一个长为 1.5 毫秒高电平的脉冲，会将舵机设置在中心位置。较短的脉冲会将舵机转向一个方向，而较长的脉冲则将其转向另一个方向。因此，通过精确设定你发送到舵机的脉冲长度，便可以确定舵机的位置。

图 9-3 很好地诠释了这一特点。

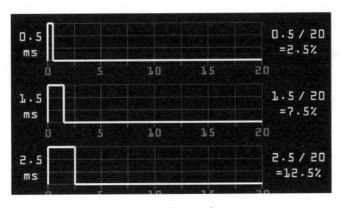

图 9-3　一个舵机的占空比

如果你想让舵机回到中心点，即"零"位置，你需要每 20 毫秒发送长为 1.5 毫秒的高脉冲，这也视为 7.5% 的占空比。同样，如果你想通过发送 0.5 毫秒的高脉冲使其逆时针反转的话，这也意味着 2.5% 的占空比，而一个达到 2.5 毫秒高电平的脉冲将转换为 12.5% 的占空比。换言之，舵机在这一段时间内被赋予一个占空比分别为 2.5%、7.5%，或 12.5% 的"高"脉冲。

这些操作适用于标准（不连续的）舵机。两者的区别在于标准舵机通过脉冲长度确定最终的位置（从中心点度量），而连续舵机则根据脉冲长度确定它们旋转的速度。标准舵机会在下一个命令送到之前一直停在之前的目的位置；而连续舵机几乎总是在移动，其速度由脉冲长度来决定。当然无论你在猫玩具中使用哪种舵机都是可行的，不过使用标准舵机的效果应该更好，因为它既可以精确定位，还可以完全停住，这让猫可以（至少暂时）"抓"住红点。

　　然而，这种控制舵机的方法存在一个问题，即通过树莓派和 Python 向 GPIO 发送毫秒级的脉冲有一定难度。同树莓派运行的其他进程一样，Python 持续被系统级进程所抢占，至少，通过 Python 程序产生精确的脉冲信号在现实中是很难实现的。然而，GPIO 库再一次为我们提供了帮助：你可以通过库将某一个 GPIO 设置为 PWM，并为其设置必要的占空比以确保将正确长度的脉冲发送至引脚。

　　所以理论上最终的代码应该如下所示：

```
while True:
    GPIO.output (11, 1)
    time.sleep (0.0015)
    GPIO.output (11, 0)
    time.sleep (0.0025)
```

运行结果很可能完全超乎你的想象，甚至能否正常工作都是未知的。相反，我们可以使用 RPi.GPIO 库功能设置舵机的信号引脚（在我们的例子中是引脚 11），我们可以通过输入以下的代码将舵机的信号设置为 PWM 输出：

```
p = GPIO.PWM(11, 50)
```

　　这里面的 50 指的是将脉冲设置为 50Hz（每隔 20 毫秒发送 1 个脉冲），这满足了舵机工作的条件。然后，可以通过输入以下代码将占空比设置为 7.5%：

```
p.start (7.5)
```

　　如果我们把 p.start(7.5) 放到 while 循环中，其结果将会是舵机移动到中心位置后，一直停留在那里。而通过 p.ChangeDutyCycle() 改变占空比后，我们可以将舵机设置在不同的位置上，这也是我们将在猫玩具中进行的操作。因此，如果要对舵机进行前后移动的测试，可以试试以下的代码：

```
import RPi.GPIO as GPIO
import time

GPIO.setmode (GPIO.BOARD)
GPIO.setup (11, GPIO.OUT)

p = GPIO.PWM (11, 50)
p.start (7.5)

while True:
    p.ChangeDutyCycle (7.5)
    time.sleep (1)
```

```
p.ChangeDutyCycle (12.5)
time.sleep (1)
p.ChangeDutyCycle (2.5)
time.sleep (1)
```

运行此代码的结果应该是你的舵机会前后摆动，而且每次方向改变后会暂停几秒。

对于猫玩具的工作，现在只剩下随机数的使用了。这些随机数字将决定哪个舵机会转动、转动至哪个方向，以及转动多长时间。结果应该会是一个二维空间的随机路径。

9.6　构建舵机结构

我们的猫玩具将会在两个方向上移动激光指示器，这意味着我们需要一个具有同样功能的舵机。尽管通常意义上舵机无法进行二维空间的运动，但我们可以通过将两个舵机连接在一起轻松构建一个倾斜的舵机系统。

> **注意**　这个过程会将两个舵机永久地连接在一起，无法分开，所以一定要确保你有剩余的舵机可以用于其他项目。然而，请记住，你在这里所做的倾斜舵机系统，对于项目中需要将某个物体按两个方向进行移动的操作是十分便利的，而且你可能会再次使用该系统。所以这并不意味着你浪费了两台舵机。

你需要将一台舵机的顶部连接到另一台舵机的侧边上。为了保证连接的牢固，你可能需要卸下用于基本舵机保持平衡的顶部四角支撑的螺丝（为了便于识别，暂且称之为 x 轴舵机），然后锉下一部分塑料。你要尽可能磨平舵机顶部的四角支撑结构，以便其可以和另一个舵机（y 轴舵机）的侧面紧密相连。

当磨得足够平的时候，使用强环氧树脂或黏合剂将 y 轴舵机的侧面与 x 轴舵机顶部的四角结构连接。我用的是大猩猩胶水，最终的结果如图 9-4 所示。

现在，激光指示器（经过一些不小的修改之后）可以安置在顶部的舵机（y 轴）上了。

v

图 9-4　x 轴和 y 轴连在一起的舵机

9.7　构建激光结构

我们将使用标准的激光指示器，但在几个重要的方面会做适当调整。最主要的调整是：我们不会使用电池进行供电，而是利用树莓派的 GPIO 引脚。这一点很重要，因为这样一来，我们就可以通过程序控制激光指示器的开关，而不是一次次按下机械的按钮。

为了修改激光指示器，你会用到一些电工胶带，及头部比激光指示器的直径略小一些的大约两英寸长的平头螺丝。将螺丝用胶带包裹起来，使其与激光指示器完全贴合。有必要的话，当你完成之后，剪掉胶带的末端（如图 9-5 所示），使螺丝的一端完全暴露出来。

图 9-5　激光指示器螺丝的结构

拆下激光指示器的底部，并取出电池。先将螺丝的头部推进激光指示器内，使螺丝的头部触及通常由电池触及的内部弹簧的位置。如果你希望螺丝紧紧地触及弹簧，并保留在同样的位置没有移动的危险的话，你可能还需要用到与包装螺丝相同量的胶带。

我们还需要用胶带将激光指示器的电源按钮包裹起来，使它一直处于被按下的状态。正如我所说的，我们会妥善处理树莓派上激光指示器的电源问题。在激光指示器周围包裹一圈胶布使得开关按钮处于被按住的状态。

此时，你的成果应该和图 9-6 中的结果差不多。

图 9-6　完成激光指示器结构

如果你想测试成果（这从来都不是一个坏主意），使用几个鳄鱼夹将螺丝的一端与树莓派的 #6（接地引脚）连接，并将激光指示器的主体连接到 #1（3.3V）。此时激光指示器应该会发光，这表明你已经利用树莓派的电源直接为其供电了。如果什么都没发生的话，请确保螺丝的另一端正好压在弹簧上，电源按钮完全按下，而且所有的连接都正确。确保连接牢固之后，你就可以准备将激光指示器安装到二维舵机装置上了。

9.8　将激光指示器连接到舵机上

将激光指示器连接到舵机上可能是本项目中最简单的部分了。如果你是我，就不会希望将激光指示器永久固定在你刚准备好的舵机倾斜系统上，因为这个二维装置对于其他项目也很适用。因此，我们需要找到一种临时方法将二者连接在一起。

此处我用一个冰棍棒来处理这个问题。我们可以用胶水将激光指示器和冰棍棒粘在一起，然后将冰棍棒固定在舵机的四角装置上。这可以通过舵机上的螺丝来实现（你刚刚卸下它们了，不是吗？），也可利用你的工作间能找到的最小的螺丝来完成。相信我，四角装置的孔径真的很小。

用强力胶（我用的还是我最喜欢的大猩猩胶水）将激光指示器和冰棍棒粘连在一起。当连接处干了之后，用小螺丝将冰棍棒连接到舵机的顶部。完成后，装置应该和图 9-7 所示的差不多。

图 9-7　将激光指示器安装到舵机上

此处，给你一个忠告：花些时间摆放好激光指示器及其连接舵机的位置，以便无论在两个舵机的哪个运动周期内，激光指示器都可以自由旋转。显然，做到这一点最简单的方法就是去掉舵机与四角结构间固定的螺丝，并基于舵机的运动轨迹重新定位四角结构。然后，按照两个舵机所有可能的位置进行转动，并确保你的装置在其运动的任何时刻都不会出现异常。由于标准舵机的运动范围仅为 180 度，所以你应该可以找到对于所有部分都合适的位置。

这个项目的最后一部分是连接运动传感器。

9.9　连接运动传感器

运动传感器（如图 9-8 所示）不仅可以省电，还提供了整个设计最酷的因素：只有当猫（狗、室友，或大脚怪）靠近的时候，玩具才会开始工作。

图 9-8　视差红外传感器

连接红外传感器的步骤很简单：正负极分别连接到电源的正负极上，第三个引脚（图 9-8 中最左侧的引脚）作为 INPUT 连到树莓派任意 GPIO 引脚上即可。当传感器检测到运动时，它向输出引脚发送一个 HIGH 信号，然后该信号传送到树莓派的输入引脚上。当 GPIO 引脚配置为输入时，我们便可以读出该信号，并仅当该信号表明周围有物体时执行 Python 程序，控制玩具。

在我们继续之前，我需要讨论一个非常重要的概念，上拉或下拉电阻。每当在电子装置中设置输入的时候，如果该输入没有直接读取任何数值，它将成为浮动输入（floating input）。这意味着从该输入中读取到的可能是任意值。因此我们需要将该输入定义为"空"状态，以便当输入发生改变的时候可以发现其变化。

为了定义输入的"空"状态，我们通常会在输入和正极之间（因此形成一个上拉电阻）或输入和地极之间（从而成为一个下拉电阻）连接一个电阻（10kΩ 或 100kΩ 都是常见的阻值）。你使用哪一种阻值都不重要，重要的是输入进行上拉还是下拉。因此，如果引脚没有读取到任何数据，并且它已经通过下拉电阻连接到地的话，它会显示为"0"。当它不再为"0"时，我们便知道它在接收输入数据了。

在这个红外传感器例子中，当检测到无运动时，我们需要将引脚读取的值设置为"LOW"，所以要用到下拉电阻。幸运的是，为了简化这个过程，GPIO 库允许我们用代码实现这样的操作，例如，当我们将一个引脚设置为输入时，下面的代码可以实现下拉电阻的效果：

```
GPIO.setup(11, GPIO.IN, pull_up_down=GPIO.PUD_UP)
```

如果将红外传感器的输出连接到树莓派的 #11，然后通过上一行的代码初始化该引脚，那么在移动被检测到之前，#11 读取的任何信息都将是"LOW"。这时，当引脚读到"HIGH"时，我们便可以调用开启激光移动的程序。

为了测试传感器及我们编码的能力，我们将通过设置相应的 GPIO 开始我们的工作。可以使用一个简单的设置来测试我们的代码，当传感器检测到移动后会点亮实验板上的 LED 灯。打开一个 Python 程序，输入并保存下面的代码：

```python
import RPi.GPIO as GPIO
import time

GPIO.setwarnings (False) #eliminates nagging from the library
GPIO.setmode (GPIO.BOARD)
GPIO.setup (11, GPIO.IN, pull_up_down=GPIO.PUD_UP)
GPIO.setup (13, GPIO.OUT)

while True:
    if GPIO.input (11):
        GPIO.output (13, 1)
    else:
        GPIO.output (13, 0)
```

这就是用于测试的代码！为了测试代码及传感器的设置，首先将传感器的（+）引脚连接到树莓派的 #2，OUT 引脚连接到树莓派的 #11，（−）引脚连接到实验板的公共地处。最后，将树莓派的 #13 连接到 LED 的正极，并将 LED 的负极（通过连接一个电阻）和公共地连接。完成之后的设置应该和图 9-9 所示的内容相似。

📷注意 图 9-9 中的图像是通过 Fritzing（`http://www.fritzing.org`）创建的，这是一个很实用的开源实验板 / 设计工具。它是一个跨平台的工具，易学易用，我极力推荐。

运行前面的程序（因为你要访问 GPIO，所以记得要使用超级用户权限或 sudo），如果你用手在传感器的周围移动的话，LED 灯应该会亮起，如果几秒钟都不运动的话，LED 灯便会暗下。如果不是这样的话，请检查各个部件及连接部分——一个烧坏的 LED 灯可能会引起各种令人头痛的故障，相信我！

如果一切都按计划进行的话，现在可以对玩具进行连线并完成所有的连接工作了。

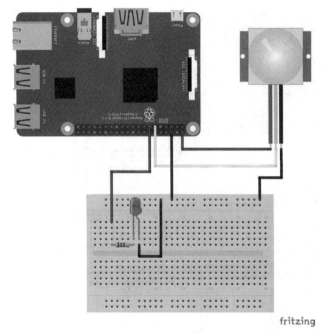

图 9-9　红外传感器和 LED 的测试设置

9.10　连接所有的部件

在成功测试了红外传感器、操作代码、控制舵机的代码，并将一切都连接到位后，就该用线将一切连接在一起了。这时使用一个小块的实验板就变得很有必要，因为你需要将所有的地连接在一起（绝对有必要），并为每个部件提供所需的电源。我使用一个 9V 电池为两个舵机供电，如果你喜欢的话请随便尝试不同的电池。但在这里没有必要用到我们在其他项目中所使用的 RC 充电电池，因为重量不会成为一个问题，而且舵机也不会消耗太多的电量，它们不会持续不断工作——多亏了传感器的帮助。不过，你确实需要为舵机提供独立于树莓派的电源。不然，你会看到不断的死机和崩溃现象。请使用一个带有双电源通道的实验板，一个连接 +9V，另一个连接树莓派的 #2，最后将两个负极连接在一起。之后你可以将激光和红外传感器的电源接到树莓派的电源通道，并将两个舵机的电源连接到 9V 电源通道，最后将所有的地连接在一起。如图 9-10 所示，你可以清楚地了解如何通过实验板将各种不同的部件连接在一起。

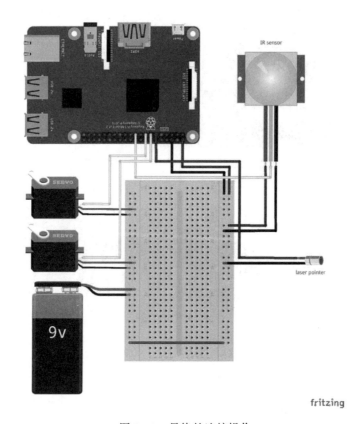

图 9-10　最终的连接操作

图 9-10 并不完全准确，因为激光指示器应该连接到舵机上，但其基本思路是正确的。 激光指示器由 #11 供电，舵机由 #13 和 #15 供电，而 #19 作为传感器的输入端。然后，当一切供电环节正确后，便可正常工作。

在搭建这个玩具的过程中，涉及了几个机械工程的任务，其中就包括永久将电源和地与激光指示器相连这种最佳的处理方式。虽然对于测试环节，鳄鱼夹的效果很好，但在舵机开始带着激光指示器来回转动时，它们就固定不住了。

这个问题最佳的解决办法是将线焊接到指示器部分。如果可以的话，你还需要用砂纸打磨螺丝的一端及激光指示器的外壳。如果还有足够的空间，在指示器的外壳上钻一个小孔，用于安置正极导线。之后将导线连接好并将一切焊接在一起。根据每个人焊接的技术和所选用的材料的不同，结果也会有所不同。你也可以使用胶水进行固定，但前提是不能把胶用在导线的金属触点和指示器的连接处。请确保所有的导线都已焊接牢固，这一点很重要。

最后一个环节是把整个设备安装在某种容器内，使其核心部件免于猫的干扰。你可以将一切部件都封装在实验板内，只要它们可以免于受到终端用户（你的猫）的干扰即可。而在这种情况下，我倾向于使用 PVC 管，因为标准的舵机几乎完全适合安放在一个内径 2 英寸的 PVC 管内。在这种情况下，你可以将较低的舵机安置在管子的边缘，而大部分的导线和内部装置能牢固的存放在里面，在管子的一侧为红外传感器钻一个孔。虽然树莓派不适合藏在其中，但它可以安全地存放在一个单独的盒子内，通过长跳线与管内的组件连接。如果你决定使用树莓派 Zero（它完全能够运行此代码），它也应该适合放在此管中，因此这可能是需要考虑的事情。

希望你最终得到的猫玩具看起来如图 9-11 所示。

图 9-11　完成的猫玩具

尽管它不是很漂亮，但猫不会在乎。当然你也可以对它进行装饰，在管子的另一端盖上盖子并涂上一层油漆。可能你需要记住的最重要的细节（这里没有显示）便是使内部的结构和电线避开猫窥视的眼睛（和爪子）。我这里使用的 PVC 管太窄，如果你使用一个横截面较大的管子，可以很容易地将树莓派和其他所有的零件安装在其内部，并将其封装为一个独立的单元。然后，你可以在外面添加一个电源开关，这样就完成了。

当执行 cat_toy.py 代码后，猫（也有可能是人）应该可以尽情地玩耍几个小时了。值得一提的是，以你现在拥有的知识和能力，已经可以用树莓派进行瞄准并发射激光。确实，这只是一个微不足道的小型激光指示器，但这个概念可以很容易地扩充到任何激光上，无论大小或功率。任何激光哦。

祝你玩得开心！

9.11　最终代码

这段代码可以从 Apress.com 网站上名为 cat-toy.py 文件中获取。它将设置 GPIO 输出引脚，启动随机数种子发生器，以随机运动的方式旋转舵机并点亮激光指示器。

```
import RPi.GPIO as GPIO
import time
import random
random.seed()

#set pins
GPIO.setmode (GPIO.BOARD)
GPIO.setwarnings (False)
GPIO.setup (11, GPIO.OUT) #laser power
GPIO.setup (13, GPIO.OUT) #X-servo
GPIO.setup (15, GPIO.OUT) #Y-servo
GPIO.setup (19, GPIO.IN, pull_up_down=GPIO.PUD_UP) #in from IR

#setup servo pwm
p = GPIO.PWM (13, 50)
q = GPIO.PWM (15, 50)

#set both servos to center to start
p.start (7.5)
q.start (7.5)
```

```
def moveServos():
    "Turns on laser and moves X- and Y-servos randomly"
    lightLaser ()

    p.ChangeDutyCycle (random.randint (8, 12))
    time.sleep (random.random())
    q.ChangeDutyCycle (random.randint (8, 12))
    time.sleep (random.random())

    p.ChangeDutyCycle (random.randint (3, 5))
    time.sleep (random.random())
    q.ChangeDutyCycle (random.randint (3, 5))
    time.sleep (random.random())

    dimLaser ()

def lightLaser():
    GPIO.output (11, 1)

def dimLaser():
    GPIO.output (11, 0)
#main loop
while True:
    #check for input from sensor
    if GPIO.input (19):
        moveServos()
        time.sleep (0.5) #wait a half sec before polling sensor
    else:
        dimLaser()
        time.sleep (0.5)
```

9.12　总结

在本章中，你成功构建了一个双轴舵机系统，通过树莓派操纵激光指示器，并通过编程随机点亮激光指示器来与猫进行玩耍。

下一章，我们会让树莓派走出家门，通过无线电遥控飞机将其放飞至天空。

Chapter 10

第 10 章

无线电遥控飞机

我们大多数人都曾经梦想过飞行——呼啸着划过天空，像鸟一样自由。正如飞行员 John Magee Jr. 在诗中描述的那样，滑过"地球险恶的羁绊……""展开欢乐的翅膀"在天空中飞舞，轻松自如地到达"云雀和山鹰没有到过的地方"。

然而不幸的是，挣脱地球的束缚需要耗费大量我们所没有的时间和金钱，而这或许可以部分解释为什么出现无线电遥控（radio-controlled，RC）飞机。当我们没有办法负担地面或飞行学校的训练费用时，这样一款 1:12 比例的 Piper Cub 型飞机可以使我们能够在不需要离开陆地的情况下，有机会体验摆脱重力驾驶真实飞机的感觉。

然而问题在于虽然我们可以控制飞机从陆地起飞，但却做不到真正体验在飞机上的感觉。其实，我们可以通过在无线电飞机或者无人机上搭载摄像头这样一个复杂且有些昂贵的方法解决这个问题，当然，你也可以在树莓派上完成类似的工作。如果能够记录下飞机的飞行轨迹，然后将 GPS 经纬坐标上传至谷歌地球（Google Earth）并查看飞行轨迹，那一定会是一件非常酷的事情。

好了，在这个项目中，你将会完成这样一件事情。这个项目的计划是在无线电飞机的外部捆绑配有摄像头的树莓派和 GPS 接收器，然后放飞。树莓派的摄像头会在飞行期间进行拍照，而 GPS 则会记录飞行的位置数据，当你回到家后，可以使用 Python 程序分析位置数据并导出为 KML 文件，之后你可以将其上传至谷歌地球。

注意　本章包含一些高级程序设计语言的概念——或许比我们在之前遇到的任何内容都高级，比如线程和一点点关于面向对象编程的内容。但它们都不是很复杂，我会在遇到的时候进行解释。

10.1　零件购买清单

虽然这个项目不需要太多部件，但或许是本书中花费最多的一个项目，因为它需要一个中等规格的无线电遥控飞机。这里还有一些需要额外准备的部件：

❑ 树莓派（配有摄像头）

❑ GPS 接收器（`https://www.adafruit.com/products/746`）

❑ 天线接收器（可选）（`https://www.adafruit.com/products/851` 和 `https://www.adafruit.com/products/960`）。

❑ 中型规格的无线电遥控飞机

❑ 飞机充电电池和树莓派 5V 供电转换器

如果你恰好是一名无线电飞机爱好者，那么很可能已经拥有一架可以使用的飞机，但如果你是该项运动的新手，便需要购置一架较好的初学者飞机。作为业余爱好者，我推荐一款适合初学者的飞机——Flyzone 公司制造的 Switch（如图 10-1 所示）。

这款飞机非常结实，足以承受你在刚开始学习操纵时的一些撞击，对于一个完全的初学者而言也足够稳定，而且更重要的是它足以承受树莓派、GPS 接收器及为两者供电的电池的额外重量。其名称来源于实际中当你更适应飞行后，你可以从结实的"顶级"配置中移除翅膀，并转换（switch）为"中级"配置以便更适用于特技飞行的需求。如你所见，"顶级"配置不仅因为其易于初学者使用而完美，还因为树莓派和 GPS 模块可以稳定地搭载在机翼上。

准备好了吗？让我们为飞机程序创建一个文件夹吧：

```
mkdir plane
```

然后通过输入 cd plane 命令进入该目录。

现在让我们将树莓派与 GPS 设备进行通信。

图 10-1　Switch 飞机（图片版权属于 http://www.flyzoneplanes.com 网站上的 Flyzone Plane）

10.2　将 GPS 接收器连接至树莓派

为了让树莓派能够与 GPS 接收器通信，首先你需要将两者连接。为此，我们需要用到一个名为 gpsd 的 Python 库以及树莓派的通用异步收发器（Universal Asynchronous Receiver/Transmitter，UART）接口（第 7/8 引脚）。这个 Python 的 gpsd 模块是一个大的代码库中的一部分，该库允许诸如树莓派这类设备通过 C、C++、Java 或 Python 的函数接口对已连接的 GPS 或者自动识别系统（Automatic Identification System，AIS）接收器进行管理。这样你就可以"读取"大多数 GPS 接收者传输的符合国际海军电子协会（National Marine Electronics Association，NMEA）规范的数据了。

UART 接口是传统的连接方式。虽然其本质上是一个串行（RS-232）连接，但这正好满足了我们的需求。它由电源正极（+）、负极（−）、发送和接收四个引脚组成。首先，通过输入以下命令安装读取 GPS、gpsd 以及相关程序所需的软件：

```
sudo apt-get install gpsd gpsd-clients python-gps
```

接下来，我们需要禁用缺省的 `gpsd systemd` 服务，因为我们安装的服务将会覆盖它。输入以下命令：

```
sudo systemctl stop gpsd.socket
sudo systemctl disable gpsd.socket
```

现在，我们需要禁用串行 getty 服务：

```
sudo systemctl stop serial-getty@ttyS0.service
sudo systemctl disable serial-getty@ttyS0.service
```

我们还需要强制树莓派的 CPU 使用固定频率，并启用 UART 接口。通常，CPU 的频率会根据负载而变化，但不幸的是，这可能会影响像 GPS 模块这样的敏感模块。这么做对你的树莓派可能会有轻微影响，但你不太可能注意到很大的区别。为了实现这个目标，需要编辑 `/boot/config.txt` 文件：

```
sudo nano /boot/config.txt
```

把最后一行从

```
enable_uart=0
```

修改为

```
enable_uart=1
```

现在，通过输入以下命令重启设备：

```
sudo shutdown -r now.
```

当设备恢复运行时，通过以下步骤将 GPS 接收器连接到树莓派：

- ❑ 连接接收器的 VIN 到树莓派的 5V 引脚（引脚 #2）；
- ❑ 将 GND 连接到树莓派引脚 #6；
- ❑ 连接 Rx 到树莓派 Tx（引脚 #8）；
- ❑ 连接 Tx 到树莓派 Rx（引脚 #10）。

当接收器的 LED 灯开始闪烁时，就可以确认供电无误。我们用的 GPS 接收器有两种闪烁频率。当它有供电但没有 GPS 定位时，它每秒会闪烁一次。当它有 GPS 定位时，它每 15 秒闪烁一次。

当你有 GPS 定位时，你可以测试你的 `gpsd` 程序。输入

```
sudo killall gpsd
```

（杀掉所有运行着的实例）然后

```
sudo gpsd /dev/ttyS0 -f /var/run/gpsd.sock
```

再通过输入以下命令启动通用 GPS 客户端：

```
cgps -s
```

cgps 客户端就是一个通用的观察器，它只是将 gpsd 程序接收的数据展示给用户。

数据开始传输前需要等待一些时间，但是当数据开始传输后，屏幕应该如图 10-2 所示。

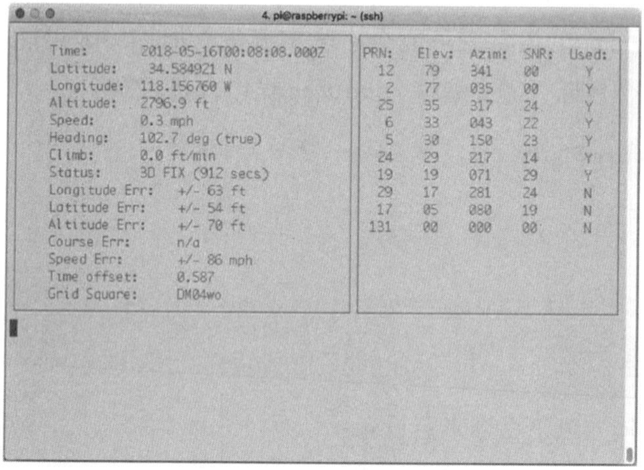

图 10-2 cgps 数据流

如果你只看到输出 0，那意味着 GPS 不能连接到卫星。你可能需要等待几分钟，或为 GPS 提供一片更开阔的天空。就我的经验来看，这款 GPS 即使不使用选配的天线也非常灵敏。加上选配的天线后，即使在我家，也可以成功搜索到 GPS 信号。（按"Q"停止流，返回终端提示。）

一旦你知道 GPS 单元开始工作并与树莓派进行通信后，我们便需要将信息按照日志所需格式进行整理。虽然我们在这里使用的通用客户端 cgps 可以很容易地看到经纬坐标，但遗憾的是，很难从其中获得有用的信息。正因如此，我们使用 Python 的 gps 模块与接收器进行交互。

注意 gps 模块允许你与大多数 GPS 接收器进行交互，不限于我们在这个项目中使用到的这款 GPS。有很多接收器都可以产生特定的数据流，但是它们大多数都输出相同的 NMEA 格式的数据，就如同我们使用的这款芯片一样。

10.3　设置日志文件

当我们得到来自 GPS 的数据流时，若只是在飞行期间将其输出至（未连接的）屏幕而不存储的话，用处并不大，因此我们需要将其存储下来以便稍后使用。而我们需要做的就是使用 Python 的 logging 模块设置一个日志文件，然后当树莓派返回地面时，我们就可以分析文件，并将其转换成一个为谷歌地球所识别的格式。

设置日志文件的操作非常简单。首先输入以下内容：

```
import logging
logging.basicConfig(filename='locations.log', level=logging.
DEBUG, format='%(message)s')
```

这两行代码的作用是导入模块、声明日志的文件名、记录的内容以及每一行的格式。我们将 GPS 数据保存为三个字符串：经度、纬度和海拔——谷歌地球所用到的三个坐标（它们默认以浮点类型保存，而非字符串，这就意味着将它们写入日志时，需要先将数据转换为字符串类型）。为了向日志文件中写入一行记录，需保持以下格式：

```
logging.info("logged message or string or what-have-you")
```

这里不需要换行字符（\n），因为你每次调用 `logging.info()` 函数后，它都会自动从新的一行开始记录。

你可能正在考虑这种情况，我们可以将 GPS 数据写入一个常规文件，但日志的记录是一个十分重要且有用的概念，很多程序员对此不甚理解，甚至完全忽略。正由于 Python 的 logging 模块，你可以为日志文件设置事件的紧急程度。一共有五类紧急程度：DEBUG（调试）、INFO（信息）、WARNING（警告）、ERROR（错误）和 CRITICAL（严重警告）。

五个紧急程度 (等级)

尽管我使用的术语是"紧急程度",但描述日志项目使用"等级"这个词语或许更为恰当。当程序执行时(无论通过什么编程语言实现),其产生的事件均可以由日志模块进行记录。DEBUG(调试)事件是具体的,通常仅用于诊断问题。INFO(信息)事件是对程序正常工作的一种确认。WARNING(警告)事件仅用于警告那些目前工作正常,但不久之后可能存在安全隐患的程序。ERROR(错误)和 CRITICAL(严重警告)仅当某些环节出现异常时才会发生,而 CRITICAL 的出现通常意味着程序已经不能正常工作。默认事件的等级是 WARNING,这意味着除非你设置不同的等级,不然 DEBUG 或者 INFO 的事件(因为它们等级居于 WARNING 之下)不会被记录。

为了看到 logging 模块正常工作,输入 python 进入 Python 环境,然后输入如下内容:

```
>>> import logging
>>> logging.warning("I am a warning.")
>>> logging.info("I am an info.")
```

第二行将会输出

```
WARNING:root:I am a warning
```

而第三行,由于将事件定义为 INFO 等级,故不会输出到终端。然而,如果你输入:

```
>>> logging.basicConfig(level=logging.DEBUG)
```

那么默认等级将设置为 DEBUG,这意味着无论等级高低,每一个事件都将会被记录或者输出。如我们之前所做的那样,输入 filename(文件名)和 format(格式),设置日志文件以及事件写入的方式。

📷 **注意** 日志事件对于任何程序员都是非常重要且应该了解的。如果你想要更加深入地学习 Python 的日志模块,强烈建议你阅读 Python 官方网站提供的文档:http://docs.python.org/2/howto/logging.html。

10.4　格式化 KML 文件

KML 文件是谷歌地球用来刻画地理标记、实物,甚至是路径的特殊 XML。其格式很像 HTML 文件,同样以开始或结束 <> 标记不同层次的信息,例如 <Document> 和 </Document>、<coordinates> 和 </coordinates>。一旦我们获得来自 GPS 的日志文件,便需要将其转化为谷歌地球可识别的 KML 文件。幸运的是,这点非常容易实现,因为我们格式化的日志文件仅包括经度、纬度和海拔,而且它们彼此通过空格分隔开来,因此使用 format='%(message)s' 和 logging.info() 即可实现。现在我们可以将日志文件中的每一行进行解析,通过 string.split() 将其以空格分开,并写入一个预格式化的 .kml 文件中。通过使用 write() 函数,我们可以把每一行内容写入一个名为 kml 的新文件中,例如:

```
kml.write('<Document>blah blah blah</Document>\n')
```

我们已经知道谷歌地球如何使用最后的 KML 文件,实际上我们可以在飞机离开地面之前,编写一个用于分析文件内容的程序。这样的话,我们只需在飞机返航后,从真实的日志文件中获取数据即可。文件中另一部分不需要真实坐标的数据就可以提前格式化好。

例如,每一个兼容谷歌地球的 KML 文件都以如下内容开始:

```
<?xml version="1.0" encoding="UTF-8" ?>
```

之后的内容是:

```
<kml xmlns="http://www.opengis.net/kml/2.2">
<Document>
<name>
```

等。我们可以将这几行内容自动添加到最后的 plane.kml 文件中。

我们会在飞机的飞行代码中设定每 30 秒拍一张照片,并同时记录当前 GPS 的位置数据。因为要按照特定的路径以确定的时间记录数据,因此我们可以通过 KML 的路径功能创建一个飞机实际飞行的可视化记录。该路径最终应该看起来和图 10-3 类似。

图 10-3　谷歌地图的 KML 文件

记住，因为每 30 秒才会抓取一次 GPS 的数据，因此我们无法得到完整的曲线路径。相反，路径会连接那些飞机在记录时间内所在的位置，而且该连接结果将会是一条直线。如图 10-3 所示，我在一个停车场测试飞行。我建议初学者最好在一片草坪上进行测试，这样对于飞机降落来说更为安全。在我测试飞行的这段时间内，阿拉斯加到处都被雪覆盖着，所以对我来说，在哪儿进行测试都一样。

10.5　使用线程和对象

在这个程序中，我们使用的另一个重要编程技巧是线程（thread）。之前你可能见过它们，我甚至在本书其他一两个项目中也使用过它们。线程非常重要，因为它允许程序和处理器同时完成几项任务，而且它们不会将所有的存储和处理器能力集中于一项简单的任务中。简单调用 `import threading`，你便可获取线程的全部能力。

线程实际上做些什么工作？

线程允许计算机（似乎）同时执行多项任务。我说"似乎"是因为处理器实际上一次只能执行一项任务，但是线程允许处理器以很快的速度上下切换多个任务，以至于看起来像是同时执行一样。正如这样一个例子，假如你正在计算机上工作，一个窗口内打开着 Word 程序，同时打开了一个浏览器窗口。当 Word 的处理过程运行在一个线程中时，另外一个线程（在你敲击键盘的同时）在更新你的浏览器，同时还有一个线程在查看你的邮箱客户端是否有新的邮件，等等。

我们在项目中使用线程来抓取 GPS 接收器的数据。通过使用线程，主缓冲区不会被持续接收的新数据填满，同时我们也可以将数据记录在日志文件中以备后用。为了以可能最有效的方式使用线程，我们将会创建一个名为 Poller 的对象，通过使用 gps 模块以等时间间隔（我们假设为 3 秒）向 GPS 接收器请求数据。每当我们获得一个新的位置信息，便会更新日志并拍照记录。

对象、类和函数

此时此刻，你很有可能要开始抱怨了："对象？类？这是在说些什么？"引用 Douglas Adams 的话，"别慌。"把这想成是一个轻松的、无压力的面向对象编程的介绍就可以了。

把类想象成一组具有明确特征的相似的对象。例如四边形、三角形和五边形都是 shape 类的成员——它们都有多条边，可计算周长与面积。对象是类中独特的成员或者实例，例如，myRectangle 就是形状类 shape 的一个明确的实例。

在定义一个类时，你需要定义它的属性，例如一个形状类具有边的属性，而且是一个封闭的实体。你也可以定义一些类所特有的函数。例如，每一个 shape 类的成员都有一个函数明确定义了如何计算周长。而计算方式也会因 shape 类对象的不同而有所区别，所以对于每一个 shape 对象而言都是唯一的，而且每一个 shape 对象都会有一个名为 defineArea() 的函数。

我们在最后的程序中创建的线程会包含一个对象——一个 Thread（线程）类的成员，它有一系列独特的变量和函数。所以当我们启动线程时，会有一个负责查询 GPS 的函数处理位置信息与拍照工作。

线程对象的定义如下：

```
class myObject(threading.Thread):
    def __init__(self):
        #function used to initiate the class and thread
        threading.Thread.__init__(self)        #necessary to
                                                start the thread
    def run(self):
        #function performed while thread is running
```

从程序的主要部分来看，我们能够通过声明一个新的名为 **myObject** 的对象开启一个线程（新线程）：

```
newObject = myObject()
```

然后通过以下代码启动线程：

```
newObject.start()
```

现在线程正运行 **myObject** 类的一个名为 **newObject** 的实例。我们的线程（如本章末的最终代码）会通过 **threading.Thread.__init_(self)** 进行初始化。一旦启动，便会持续执行函数（在本例中，就是 GPS 数据的收集和拍照），直到退出程序。

10.6 设置自启动

很可能在将树莓派绑到飞机上之前，在上电启动时，我们便不会为其添加显示器或者接入键盘了，因此我们需要保证 GPS 日志程序的自启动。最简单的方法便是在 /etc/rc.local 文件中添加一个启动项（详情请见 "rc.local 文件是什么？"部分）。在我们的项目中，如果 GPS 日志程序命名为 getGPS.py，而且该文件保存在 Documents/plane 文件夹下，那么我们可以将

```
/home/pi/Documents/plane/getGPS.py
```

添加到 rc.local 文件中。通过 sudo 打开该文件：

```
sudo nano /etc/rc.local
```

然后将

```
python /home/pi/Documents/plane/getGPS.py
```

添加到文件中 exit 0 所在行之前的位置。

<hr>

rc.local 文件是什么?

    rc.local 文件是 Linux 内核的一个标准组成部分。这是系统启动 rc 文件组中的一个文件,位于 /etc/ 目录下。内核在启动时初始化所有设备后,便会逐一执行这些 rc 文件,运行每个文件内包含的程序文件。rc.local 文件是系统执行的最后一个文件,包含其他文件所不适用的脚本程序。正是由于这个原因,这个文件只能由系统管理员编辑,而且通常用于(此处也是如此)存储计算机启动时运行的脚本程序。

    将程序添加至该文件时,需要注意一个重要的细节:由于该程序并不由任何一个特定的用户执行,因此必须给出该程序的完整路径,不能像 ~/Documents/myscript.py 这样,而应该像 /home/pi/Documents/myscript.py 这样。

<hr>

    然而,这并不是我们需要做的所有工作。在 GPS 程序工作之前,我们需要再次打开 GPS 馈源,就像我们测试通用 GPS 客户端一样(在 10.2 节中提到过)。所以,我们需要把以下这行代码也加入 /etc/rc.local 中:

```
sudo gpsd /dev/ttyS0 -F /var/run/gpsd.sock
```

    最后,在开始记录之前,需要等待 GPS 单元捕获到某个卫星信号,否则我们所记录的数据将全是 0.0、0.0、nan 的坐标信息(nan 表示 not a number(不是一个数字))。以我的经验来看,大约需要 30 秒才能连接到卫星并开始返回真实数据,所以在开始执行程序之前等待 45 秒比较合适。为此,将代码:

```
sleep 45
```

放置在刚添加的 sudo gpsd 之后,这样系统在开始执行下一行 Python 代码之前,将等待 45 秒。当你完成编辑之后,/etc/rc.local 文件应该看起来如下所示:

```
sudo gpsd /dev/ttyS0 -F /var/run/gpsd.sock
sleep 45
python /home/pi/Documents/plane/gpstest.py
```

保存并退出,之后程序将在系统重启后立即执行。

10.7 连接所有部件

一旦你拥有一架飞机，构建这样一个项目就会相对简单。你需要为树莓派准备一块电池以及配套的电源适配器，确保不会提供过高的电压。我尤其钟爱无线电飞机爱好者所用的锂聚合物（Li-Po）电池（如图 10-4 所示），因为这种电池比较轻且容量大。我用的这款能够提供每小时 1.3A 的电量——这远超过我的需求。

图 10-4　Li-Po 电池

而对于电压调节器，你可以从 Adafruit 或 Sparkfun 等地方购买一个 5V 电压调节器，或者是像我一样改造一个 USB 车载充电器，如图 10-5 所示。

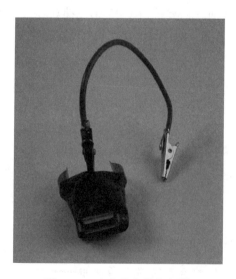

图 10-5　改造的车载充电器

将其中端连接到电源正极（+），一个外端连接至电源 GND 端。之后通过 USB
数据线连接至树莓派，这样就可以为其供电了。

当到了需要把所有东西安置在飞机上的时候，这就成为一种大杂烩了。这里需
要注意一些重要的细节，即保持飞机平衡，且不要干扰机翼上正常流动的气流。我
将 GPS 模块放在飞机的鼻翼处，将树莓派捆绑在机翼中部。在图 10-6 中看得可能
不是很清晰，我们将摄像头搭在机翼下端，对着地面。在机翼下侧你可以看到接入
树莓派并为其供电的 USB 适配器。整个装配过程看起来有些笨拙，但实际飞行状
况还不错。

图 10-6　装配过程俯视

图 10-7 展示了如何将 GPS 单元绑在飞机的鼻翼处。

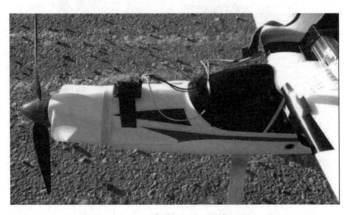

图 10-7　飞机鼻翼处 GPS 单元的细节

图 10-8 展示了如何将树莓派绑在飞机机翼上。

图 10-8 位于飞机机翼上树莓派的细节

在完成所有飞行前的检查后，将树莓派接通电源，等待约 45 秒以便 plane.py 开始执行，从而使 GPS 单元获得卫星数据。然后起飞并带回一些漂亮的照片吧！

当你将树莓派带回家后，登录并运行 kml.py 文件执行 .kml 转换脚本。这个程序会打开由 plane.py 创建的 locations.log 日志文件，分析其文本，并将其包含的所有位置数据导入一个名为 plane.kml 的有效的 .kml 文件中。

之后，你可以将这个文件传输到任何一个装有谷歌地球的计算机上。复制到计算机上，在文件上单击鼠标右键并选择 "Open with"（打开方式）菜单，在程序选项中找到 "Google Earth"，之后点击 "Open"（打开）（如图 10-9 所示）。

图 10-9 在 Mac 计算机上使用谷歌地球打开 plane.kml 文件

文件加载完毕后，你会获得一张如图 10-3 所示的停车场一样的图像。同时，摄像头拍摄的照片会保存在 gpstest.py 所在的文件夹内，或是保存在脚本指定的特定位置（详情请见本章后面的最终代码）。

这里是最后的一个提示：因为你将 gps 程序写入了 /etc/rc.local 文件中，所以在将这行代码从文件中删除之前，每次系统通电之后程序都会启动。如果你想结束 gps 程序，使其不会在后台运行或占用处理器资源，但还未删除 rc.local 中的相关代码，可以在终端中输入：

```
top
```

这条命令会列出当前所有树莓派上运行的任务。为了停止该 Python 程序，查找一个名为 "Python" 的进程，并记下它位于第一行的进程编号（ProcessID，PID）。按 "Q" 可以退出 top 命令，之后输入：

```
sudo kill xxxx
```

xxxx 的内容就是你刚才记录下的 PID 号。从 rc.local 文件中移除相关代码并且重启树莓派之后，Python 程序的进程便会结束。

10.8 最终代码

最终代码由两部分组成：飞机飞行代码和 KML 文件转换代码。

10.8.1 飞机飞行程序

这部分是飞机在空中飞行期间所执行的程序，包括拍照和记录 GPS 坐标。你可在 Apress.com 网站上下载名为 plane.py 的程序：

```
import os
from gps import *
from time import *
import time
import threading
import logging
from picamera import PiCamera

#set up logfile
logging.basicConfig(filename='locations.log', level=logging.DEBUG,
```

```
        format='%(message)s')

camera = PiCamera()
picnum = 0
gpsd = None

class GpsPoller(threading.Thread):
    def __init__(self):        #initializes thread
        threading.Thread.__init__(self)
        global gpsd
        gpsd = gps(mode=WATCH_ENABLE)
        self.current_value = None
        self.running = True

    def run(self):             #actions taken by thread
        global gpsd
        while gpsp.running:
            gpsd.next()

if __name__ == '__main__':    #if in the main program section,
    gpsp = GpsPoller()        #start a thread and start logging
    try:                      #and taking pictures
        gpsp.start()
        while True:
            #log location from GPS
            logging.info(str(gpsd.fix.longitude) + " " + str(gpsd.
            fix.latitude) + " " + str(gpsd.fix.altitude))

            #save numbered image in correct directory
            camera.capture("/home/pi/Documents/plane/image" +
            str(picnum) + ".jpg")
            picnum = picnum + 1   #increment picture number
            time.sleep(3)
    except (KeyboardInterrupt, SystemExit):
        gpsp.running = False
        gpsp.join()
```

10.8.2   KML 转换程序

这是树莓派返回地面后运行的程序。它将调取 GPS 日志文件并将其转化为一个 KML 文件。该程序可参考从 Apress.com 网站上下载的名为 kml.py 的文件：

```
import string

#open files for reading and writing
gps = open('locations.log', 'r')
kml = open('plane.kml', 'w')

kml.write('<?xml version="1.0" encoding="UTF-8" ?>\n')
```

```
kml.write('<kml xmlns="http://www.opengis.net/kml/2.2">\n')
kml.write('<Document>\n')
kml.write('<name>Plane Path</name>\n')
kml.write('<description>Path taken by plane</description>\n')
kml.write('<Style id="yellowLineGreenPoly">\n')
kml.write('<LineStyle<color>7f00ffff</color><width>4</width>
</LineStyle>\n')
kml.write('<PolyStyle><color>7f00ff00</color></PolyStyle>\n')
kml.write('</Style>\n')
kml.write('Placemark><name>Plane Path</name>\n')
kml.write('<styleUrl>#yellowLineGreenPoly</styleUrl>\n')
kml.write('<LineString>\n')
kml.write('<extrude>1</extrude><tesselate>1</tesselate>\n')
kml.write('<altitudeMode>relative</altitudeMode>\n')
kml.write('<coordinates>\n')

for line in gps:
    #separate string by spaces
    coordinate = string.split(line)
    longitude = coordinate[0]
    latitude = coordinate[1]
    altitude = coordinate[2]
    kml.write(longitude + "," + latitude + "," + altitude + "\n")

kml.write('<\coordinates>\n')
kml.write('</LineString>\n')
kml.write('</Placemark>\n')
kml.write('</Document>\n')
kml.write('</kml>\n')
```

10.9　总结

在本章中，我们将 GPS 接收器连接到树莓派上，并通过树莓派的 UART 接口读取输入的数据。之后将数据存入 Python 的日志文件。我们将树莓派和 GPS 单元绑在无线电遥控飞机上，之后将飞机放飞，在飞行期间每隔数秒拍照一次。在飞机着陆后，我们将 GPS 日志数据转换为一个 KML 文件，并将该文件放入谷歌地球中，以便观察最终飞行轨迹的卫星图。本章也证明了树莓派真正的便携性。

在下一章，我们会将树莓派放置在气象气球上，并送至大气层，让它飞得更高。

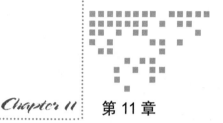

第 11 章

气 象 气 球

你应该对气象气球并不陌生。它们可以充满氦气，直径有时可达 20 英尺，配上一个小而科学的有效负荷，便可升至大气层较高处，并在上升的过程中通过携带的各种传感器记录数据。然后，当外部压强降到明显小于气球内部压强时，气球爆裂，所携带的各种设备在一个小降落伞的帮助下降回地面。放飞气球的组织追踪物体降落的位置并取回数据。通过这种方式，科学家和爱好者可以获取大气层高处的很多信息。

虽然在上一章中提到的操作携带有树莓派的无线电遥控飞机这个项目就已经很棒了，但仅仅是记录位置信息并将路径数据上传至谷歌地球，还是显得有些平淡。而这个项目虽然简单却更为高级。我们将充气并发射一个能装载树莓派飞升至少 30 000 英尺高的小型气象气球，还要编程让树莓派按一定频率进行拍照，为我们提供航行的图像记录，并使用一个小型 GPS 设备去记录树莓派的行程。

但我们不会止步于此，因为仅仅这样的话就显得有些乏味，而且很多专业人士和爱好者已经做过很多类似的尝试。此外，我们将会对气球当前的活动进行实时更新——包括其经度、纬度甚至高度——通过对树莓派编程实现每隔 15 秒左右记录其当前播报的位置信息。然后我们会将这些记录通过无线电信号发送到地面，这只需要将小型 FM 无线电调整到预先设定的频率即可，这样我们就可以听到气球与我们的对话，为我们提供周围环境的实时更新。

让我们去购买零件吧！

🛈 小心　在美国，根据联邦航空局（FAA）的规定，要求你在放出气球的 6 到 24 小时前必须通知该机构此次活动的相关信息，如时间、发射地点、预计高度、气球描述，以及预测的着陆位置。FAA 也要求你对气球的位置进行追踪，如果有要求的话，需具备将信息实时更新给 FAA 的能力。关于停泊与放飞气球的规定各有不同，如需获取更全面的信息，请参见完整的规定 http://www.gpo.gov/fdsys/pkg/CFR-2012-title14-vol2/pdf/CFR-2012-title14-vol2-part101.pdf。

11.1　零件购买清单

跟遥控飞机一样，这是本书中比较昂贵的项目之一，因为气象气球会比较贵，而且你需要在聚会供应商店或者焊接器械商店购买或租借氦气罐。下面就是我们所需要的东西：

- ❏ 带摄像头的树莓派
- ❏ LiPo 电池以及树莓派的 5V 电源稳压器
- ❏ 直径 6-7 英尺的乳胶气象气球
- ❏ GPS 接收器（https://www.adafruit.com/products/746）
- ❏ GPS 天线（可选）(https://www.adafruit.com/products/851)
- ❏ 手持式 AM / FM 无线电
- ❏ 10 英尺长的导线
- ❏ 小型塑料泡沫冷却器
- ❏ 模型火箭降落伞
- ❏ 暖手器
- ❏ 至少 5000 码长的鱼线
- ❏ 1 英尺长，内径约 1 英寸的医用导管

❑ 约 250 立方英尺的氦气
❑ 管道胶带、电工胶带、橡皮筋、扎线带

11.2　设置 GPS 接收器

正如第 10 章的遥控飞机项目，这个项目的一个组成部分就是设置 GPS 单元，并在树莓派上正常工作。为此，你需要安装 Python 的 gpsd 模块，并使用树莓派 UART 接口的 #7 与 #8 引脚。Python 的 gpsd 模块是一个大代码库的一部分，该库允许诸如树莓派这类设备通过 C、C++、Java 或 Python 的函数接口，对已连接的 GPS 或者自动识别系统（Automatic Identification System，AIS）接收器进行监控。它允许你"读取"大多数 GPS 接收者传输的符合美国国家海洋电子协会规范的数据。

串行接口是传统的连接方式。虽然其本质上是一个串行（RS-232）连接，但这正好满足了我们的需求。它由电源正极（+）、负极（−）、发送和接收四个引脚组成。首先，通过输入以下命令安装我们读取 GPS、gpsd 以及相关程序所需的软件：

```
sudo apt-get install gpsd gpsd-clients python-gps
```

接下来，我们需要禁用缺省的 gpsd systemd 服务，因为我们安装的服务需要覆盖它。使用以下命令：

```
sudo systemctl stop gpsd.socket
sudo systemctl disable gpsd.socket
```

现在，我们需要禁用串行 getty 服务：

```
sudo systemctl stop serial-getty@ttyS0.service
sudo systemctl disable serial-getty@ttyS0.service
```

我们还需要强制树莓派的 CPU 使用固定频率，并启用 UART 接口。通常，CPU 的频率会根据负载而变化，但不幸的是，这可能会影响像 GPS 模块这样的敏感模块。这么做对你的树莓派可能会有轻微影响，但你不太可能注意到很大的区别。为了实现这个目标，需要编辑 /boot/config.txt 文件：

```
sudo nano /boot/config.txt
```

把最后一行从

```
enable_uart=0
```

修改为

```
enable_uart=1
```

现在，通过输入以下命令重启设备：

```
sudo shutdown -r now.
```

当设备恢复运行时，通过以下步骤将 GPS 接收器连接到树莓派：

❑ 连接接收器的 VIN 到树莓派的 5V（引脚 #2）；

❑ 将 GND 连接到树莓派引脚 #6；

❑ 连接 Rx 到树莓派 Tx（引脚 #8）；

❑ 连接 Tx 到树莓派 Rx（引脚 #10）。

当接收器的 LED 灯开始闪烁时，就可以确认供电无误。我们用的 GPS 接收器有两种闪烁频率。当它有供电但没有 GPS 定位时，它每秒会闪烁一次。当它有 GPS 定位时，它每 15 秒闪烁一次。

当你有 GPS 定位时，你可以测试你的 gpsd 程序。输入

```
sudo killall gpsd
```

（杀掉所有运行着的实例）然后

```
sudo gpsd /dev/ttyS0 -f /var/run/gpsd.sock
```

再通过输入以下命令启动通用 GPS 客户端：

```
cgps -s
```

cgps 客户端就是一个通用的观察器，它只是将 gpsd 程序接收的数据展示给用户。

数据开始传输前需要等待一些时间，但是当数据开始传输后，屏幕应该如图 11-1 所示。

我们不会使用 cgps 进行展示，这只是一个用来确认 GPS 单元是正确连接和工作的简便方法。我们将使用 Python 的 gps 模块与 GPS 板进行通信。

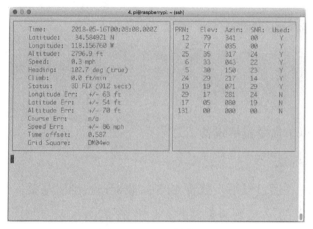

图 11-1　cgps 数据流

11.3　存储 GPS 数据

本项目中，你需要将 GPS 数据写入到一个文件，以便之后进行读取、记录及传输工作。为此我们可以使用一个日志文件，就如之前在遥控飞机项目中一样，但是学习使用 Python 读写普通文件也很重要。在你的终端内打开一个 Python 环境，并输入：

```
f = open('testfile.txt', 'w')
```

这会打开一个文件——在这里打开的是 `testfile.txt`。而第二个参数可以是以下 4 个值中的任意一个：

❑ 'r' 只读文件

❑ 'w' 只写文件（每次文件打开后，以前的数据将被删除）

❑ 'a' 追加文件

❑ 'r+' 读写文件

如需继续，输入：

```
f.write('This is a test of my file-writing')
f.close()
```

如果你现在按下 Ctrl+d 退出 Python 环境，并列出当前目录内容的话，会看到 `testfile.txt` 已被列出，看其内容时，将看到刚才所输入的内容。现在，再试一次，启动另一个 Python 环境并输入：

```
f = open('testfile.txt', 'w')
f.write('This text should overwrite the first text')
f.close()
```

执行完后退出。因为你打开文件时使用的是 'w' 参数，因此所有的原始资料都将被覆盖。这就是你将在 GPS 文件记录中所要做的操作。我们对之前保存的位置并不感兴趣；相反，每个位置都将被记录并进行传送，然后我们可以通过使用 'w' 标志打开该文件，并用下一个位置的信息将其覆盖。

11.4 安装 PiFM

为了使树莓派可以通过无线电与你进行通话，你将会用到由帝国理工学院机器人协会（Imperial College Robotics Society）的成员开发的一个方便的小模块。这个称作 PiFM 的模块会将树莓派现有的硬件资源转变为一个很棒的小型 FM 发射器。

为了使用该模块，你需要先进行下载。在你的 /balloon 目录下，打开一个终端，并输入：

```
wget http://omattos.com/pifm.tar.gz
```

下载完成后，输入以下命令进行解压：

```
tar -xvzf pifm.tar.gz
```

执行结果会在你的文件夹内放置一个编译好的二进制文件，源代码以及一些声音文件。现在你可以使用这个 PiFM 包了。测试一下，将一根 1 英尺长的导线连接到树莓派的 #7（GPIO #4）引脚。现在，打开终端，输入：

```
sudo ./pifm sound.wav 100.0
```

将无线电调整到 100.0 FM。你应该会听到一段熟悉的曲子。如果碰巧你什么也没听到，试着在命令行的最后添加 22050，因为根据你所下载软件版本的不同，可能会需要明确额外的参数（声音文件的采样率）。

恭喜！你已经将树莓派变成了一个无线电发射器。现在，让我们成为 DJ 吧！

11.5 安装 festival

我敢肯定大家都希望电脑能跟我们对话。幸运的是，我们使用的是 Linux，所以当涉及电子合成音频时可以有很多选择方案。这里我们所用的 festival 就是一个免费又好用的软件。而且它同时配备了我们将使用的文本转语音（text-to-speech）录音的功能。

festival 可从树莓派的标准库中获取，这意味着你只需要在终端内输入以下内容就可以下载安装：

```
sudo apt-get install festival
```

一旦安装过程结束后，我们就可以试一试效果了。将一副耳机接入到树莓派的 3.5mm 的音频输出接口，然后在终端中输入：

```
echo "I'm sorry Dave, I'm afraid I can't do that." | festival
--tts
```

然后树莓派就会开始跟你说话。（可能你不知道，这句话是经典电影《2001 太空漫游》（*2001: A Space Odyssey*）中由电脑 HAL 所说的，如果你没看过那就太可惜了，你应该放下本书好好看一看这部电影，我会在这里等你。）

好了，现在如果你想让树莓派说些什么的话，只需要在命令行中输入就可以了。虽然这很棒，但我们还需要让它从文本文件中读取内容，比如"当前海拔 10 000 英尺，当前坐标纬度 92 度，经度 164 度"。而最简单的方法就是利用 festival 中一个方便的 test2wave 函数实现。这个函数可以从一个文件（例如 position.txt）读取其内容并进行录音。其用法如下：

```
text2wave position.txt -o position.wav
```

现在，既然我们已经知道每 15 秒便会更新一次 position.txt 文件，我们就可以在使用 PiFM 广播记录前使用 test2wave 功能重新对其内容进行录音。

然而这里有一个小障碍：text2wave 的录音编码采用 44 100kHz 的采样率，而 PiFM 用的是 22 050kHz 的采样率。这就需要使用我们工具包的另一个程序——ffmpeg。

11.6 安装 ffmpeg

在音视频编码器、解码器和转码器的世界里，ffmpeg 绝对是可用程序中最流行最强大的。它可以将 MPG 格式视频文件转码为 AVI 格式，分离 AVI 文件的独立帧，甚至可以从电影中分离音频并对其过滤，最终重新加载到视频中。

然而，虽然这些功能都令人印象深刻，但我们只用它将音频从 44 100kHz 转换为 22 050kHz。首先我们通过以下命令下载安装包源文件：

```
wget https://ffmpeg.org/releases/ffmpeg-snapshot-git.tar.bz2
```

完成下载后，通过下面的命令将其解压到它自己的目录中：

```
tar -vxjf ffmpeg-snapshot-git.tar.bz2
```

完成解压后，通过 cd 命令进入结果目录：

```
cd ffmpeg
```

然后输入

```
./configure
```

来配置安装选项。当配置完成后，输入

```
make
```

然后输入

```
sudo make install
```

安装 ffmpeg 库。ffmpeg 不是一个小的库，编译安装的过程中你可以去喝一杯咖啡或者小睡片刻。

使用 avconv 替代 ffmpeg

如果你不愿意从源码开始安装 ffmpeg 库，有另外一个选择：使用树莓派上 ffmpeg 库的替代品：avconv。这个库已经存在于你的树莓派上了，所以无须安装任何额外的东西。

现在，为了转换我们的 position.wav 文件，我们需要使用以下命令：

```
ffmpeg -i "position.wav" -y -ar 22050 "position.wav"
```

或者

```
avconv -i "position.wav" -y -ar 22050 "position.wav"
```

这就是我们想要的——position.wav 已经按照 22 050kHz 采样率重新编码了，并且已经准备好进行广播。如果我们想要将 position.wav 的内容广播出来，那么需要在终端输入：

```
sudo ./pifm position.wav 103.5 22050
```

（这次广播的频率是 FM103.5。当然你要根据当地电台的情况进行调整。）

11.7 准备树莓派

如果你在阅读本章前已经读过遥控飞机的内容，可能会意识到那里的很多设置与本项目中的很多步骤相似。你需要做的第一件事就是要确保每次启动树莓派时，gpsd 模块能正常运行。为此，输入以下内容打开 rc.local 文件：

```
sudo nano /etc/rc.local
```

将下行加入文件末尾：

```
sudo gpsd /dev/ttyS0 -F /var/run/gpsd.sock
```

 注意 更多关于 rc.local 文件的信息请参阅第 10 章的内容。

现在每次启动树莓派的时候 gpsd 模块就会自动运行了。

然而，我们在 rc.local 中要做的还没完成。因为你会希望每次放飞气球时的操作只需要给树莓派供电并发射就行了，不需要考虑用户登录和启动程序的问题。幸运的是，你也可以在 rc.local 中做到这点。启动时，在 gpsd 模块运行后，你应该会在 GPS 开始记录数据前为其预留出定位卫星的时间。为此，在刚刚给出的 gpsd 代码后添加下面这行内容：

```
sleep(45)
```

这会让树莓派暂停 45 秒，然后添加下面的内容：

```
sudo python /home/pi/Documents/balloon/balloon.py
```

（当然，请确保这行代码与你的气球项目存储的位置相同。）现在，气球程序将
会自启动，而且在 GPS 模块开始定位卫星并读取数据后暂停 45 秒。

11.8 使用线程和对象

本项目中我们将用到的线程（thread）这个重要的编程特性。如果你已经完成了
第 10 章中的遥控飞机项目，那就应该很熟悉了。如果没有，我们会提供一个快速
教程。

线程很重要，因为它允许程序和处理器同时执行多个任务，而且不需要使用全
部的内存与处理能力来执行一个简单任务。一个简单的导入线程调用，你便可充分
获取线程的全部能力。

那么线程可以做什么？线程允许计算机（看似）同时处理多个任务。为什么说
"看似"呢，因为处理器仍旧一次只能执行一个任务，但是线程允许它在不同的进
程间快速切换，以至于看起来像是在同时执行。了解关于线程的更多信息，请参见
第 10 章的内容。

我们在本程序中使用线程的主要目的是轮询 GPS 接收器。通过使用线程，在我
们不断得到新数据的同时，主缓冲区将不会堆满数据，而且我们仍可以将数据记录
到 position.txt 中以备后用。为了以最有效的方式使用线程，我们将创建一个名
为 Poller 的对象，以此通过 gps 模块每间隔 15 秒钟便向 GPS 接收器请求数据。我
们每得到一次位置读数，便会更新文本文件并进行拍照。

注意 关于对象、类、面向对象编程的学习，请参见第 10 章。

我们的线程对象定义如下：

```
class myObject(threading.Thread):
    def __init__(self):
    #function used to initiate the class and thread
    threading.Thread.__init__(self)          #necessary to
                                             start the thread
    def run(self):
    #function performed while thread is running
```

在主程序部分，我们可以通过声明一个新的 **myObject** 对象（一个新线程）来启用线程：

```
newObject = myObject()
```

然后通过下面代码来启动它：

```
newObject.start()
```

现在线程正运行 **myObject** 类的一个名为 **newObject** 实例。我们的线程（正如本章最后的最终代码所示）将通过

```
threading.Thread.__init__(self)
```

进行初始化。

一旦开始，就会持续执行（对于我们而言，就是采集 GPS 数据，传输并拍照），直到我们退出程序或者关掉树莓派。

11.9   连接所有部件

这个气象气球项目的构建会比较复杂，所以最好预留几个小时将一切准备好。

第一件要做的事便是准备氦气罐。当你租借罐子时，罐子上应该有一个调节器和用来给气球充气的倾斜针头。稍微调整，就可以用来为你的气球充气。将医用导管套过调节器并用胶带固定好。这个导管稍后可以插入气球口并进行充气（如图 11-2 所示），并用扎带固定。

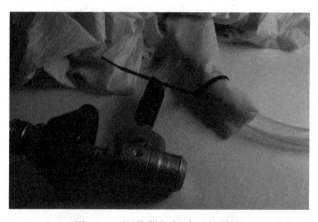

图 11-2   调节器与气球口的设置

待调节器与气球口固定后，你就可以安装负载了。在冷却泡沫箱的底部开一个足够安装树莓派摄像头的孔径。将摄像头嵌入其中，如果有必要的话使用胶带固定好（如图 11-3 所示）。在泡沫箱的底部，安装树莓派与电池组，并准备进行连接发射装置。

图 11-3 将摄像头放置到泡沫箱中

在泡沫箱底部戳一个空，留作 GPS 天线、FM 天线以及气球系绳的安装工作。将线穿过孔径并将 FM 天线连接到树莓派的 #7 引脚。如果 GPS 扩展板没有与树莓派连接的话，请连好（见 11.2 节），并将天线连接至 GPS。两根天线应该可以自由悬挂在底部外，并将系绳与鱼线线轴相连。将系绳的末端固定到泡沫箱中，并确保其不会将泡沫箱撕裂。我的方法是将系绳绑在一段与泡沫箱等宽的 PVC 管上（如图 11-4 所示）。

现在通过摇动混合物打开暖手器。将它们固定在冷却泡沫箱的底部，并将树莓派和电池组放在上面。暖手器很重要，因为大气层的高处会非常寒冷—冷到足以使电子设备无法正常工作。而暖手器会确保在飞行的过程中，泡沫箱内部温度能让树莓派持续工作。

你还需要将降落伞连在泡沫箱的盖子上，以便气球破裂时可以保护你的设备。我发现，做到这点最好的方法就是在盖子上剪一个洞，将降落伞的线穿过该洞，用热胶将其与盖子粘在一起。然后在溜槽周围轻轻系一段绳——紧到当上升时降落伞保持关闭状态，但同时要松到当泡沫箱开始自由下落时又能使溜槽可以自由打开并释放降落伞。

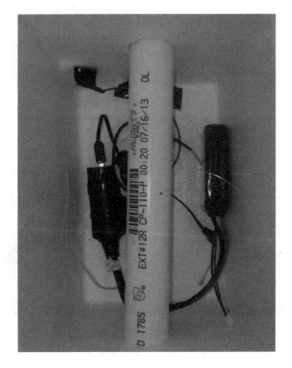

图 11-4　泡沫箱内部展示出系绳绑在 PVC 管上

　　最后要给树莓派通电，用胶带紧紧地固定好泡沫箱和盖子，并将其连接到充好气的气球上。当气球充到所需的量后（这将根据你有效负载的重量而变化，所以有必要多进行一些实验），移开氢气罐，打结或者用扎带封好口。然后同样用扎带将气球与泡沫箱接好，然后释放气球。气球将会浮到大气中，并在上升过程中进行拍照。这时，将无线电调至 FM 103.5（或者你最终代码中设置的其他频率），并收听气球告诉你的实时高度播报。除非气球爆裂（总会有一个明显的表征），不然气球应该会上升到同鱼线长度一样的高度，这也就是你需要准备尽可能长的鱼线的原因，这样气球就可以尽可能飞得高。当你需要拉回气球的时候，用鱼线轴拉回来。为了节省体力，你可以将鱼线轴连到电钻上自动收回。

　　注意　请在放飞气球前与当地 FAA 或相关机构协商，选好放飞的最佳时间和地点。

11.10 观察照片结果

根据你的发射结果，你可以期待从树莓派获得一些高质量的高空拍摄图，如图 11-5 ~ 图 11-9 所示。你的结果可能会有所不同，但如果你的第一次发射并不顺利，你可以再次尝试！

图 11-5 高空拍摄图

图 11-6 高空拍摄图

图 11-7　高空拍摄图

图 11-8　高空拍摄图

图 11-9　高空拍摄图

11.11 最终代码

这部分代码（可以在 Apress.com 网址下载 balloon.py 文件）将查询 GPS，进行记录，传输其坐标，并通过板载摄像头定期进行拍照：

```
import os
from gps import *
import time
import threading
import subprocess
#set up variables
picnum = 0
gpsd = None
class GpsPoller(threading.Thread):
    def __init__(self):
        threading.Thread.__init__(self)
        global gpsd
        global picnum
        gpsd = gps(mode=WATCH_ENABLE)
        self.current_value = None
        self.running = True
    def run(self):
        global gpsd
        while gpsp.running:
            gpsd.next()
if __name__ == '__main__':
    gpsp = GpsPoller()
    try:
        gpsp.start()
        while True:
            f = open('position.txt', 'w')
            curAlt = gpsd.fix.altitude
            curLong = gpsd.fix.longitude
            curLat = gpsd.fix.latitude
            f.write( str(curAlt) + "feet altitude," + str(curLong) +
            "degrees longitude," + str(curLat) +
            " degrees latitude")
            f.close()
            subprocess.call(["text2wave position.txt -o
            position.wav"], shell = True)
            subprocess.call(['ffmpeg -i "position.wav" -y -ar
            22050 "position.wav"'], shell = True)
            subprocess.call(["sudo ./pifm position.wav 103.5
            22050"], shell = True)
            subprocess.call(["raspistill -o /home/pi/Documents/
```

```
              balloon/image" + str(picnum) + ".jpg"], shell=True)
              picnum = picnum + 1
              time.sleep(15)
    except (KeyboardInterrupt, SystemExit):
        gpsp.running = False
        gpsp.join()
```

11.12 总结

在本章中，你通过对树莓派进行编程，用 GPS 模块得到它的坐标并将其发送给你，这样你待在地面即可将其送至大气上层并拍摄照片。你再次与线程打交道，也接触了更多面向对象的代码，与此同时，我希望你能从高空拍摄到一些好的照片。

在下一章，我们会与本章的做法相反，将树莓派送到水下。

第 12 章　*Chapter 12*

潜 水 器

　　无论是远程遥控的潜水器，还是自动行驶的潜水器，在科学研究领域和民营企业中都已经应用了很多年。它们应用于贫瘠的洲际平原、大西洋中部的火山口等这些人类无法到达的地区。而在商业领域，在 2010 年发生的"深水地平线"石油泄漏事故中，潜水器再一次被推到了聚光灯下。一队潜水器舰队在海底 5000 英尺处寻找油井并阻止其泄漏——这远超人类可以到达的深度。而且它们经常被用来在深海石油钻井平台或者海上波浪场内进行维护工作。

　　潜水器大致可分为两类：ROV 型和 AUV 型。ROV 表示无人遥控潜水器（Remote Operated Vehicle），这是通过拖缆进行远程控制的潜水器——拖缆是一类可以为潜水器提供能源并与其机载系统进行双向交互的缆绳。一般而言，摄像头通过拖缆将视频信号传输至控制室内的显示器上，而在控制室内会有一位经过特殊训练的操作员，他根据反馈的视频信息，通过操作高级版的 Xbox 控制器进而控制潜水器的工作。在另一端的控制人员不仅要控制潜水器的推进、转向、深度问题，如果潜水器有高级配置的话，还会控制它的夹具或者样品收集装置等。

　　另一方面，AUV 代表自主式水下潜器（Autonomous Underwater Vehicle），用来形容那些不需要人为干预或者控制的潜水器。这类潜水器可能不会搭载摄像头，即便搭载了，摄像头所拍摄的视频也只是用于数据收集，而不用于导航。一台 AUV

通常包含一组机载传感器阵列和一台相对复杂的计算机，计算机根据传感器捕获到的信息确定潜水器的一系列动作。

实际上利用树莓派，你既可以创建一个 ROV，也可以创建一个全面的 AUV。这里，我们的目的是做一个（相对简单的）无人遥控潜水器。我们可以利用树莓派板载的摄像头对水下探索的世界进行拍照，可以通过一台破解的 Wii nunchuk 手柄对其进行控制。你可能不会接触到通过视频对其进行导航的内容，因为将视频信号通过电线传输到一台外部显示器上的操作有些超出本书涉及的范围了，但只要不去太深的水域，你应该可以在竹筏或者小船上通过观察水面对其进行导航。需要说明的是，限于本章篇幅，我们会将其设计为中度浮力而避免深度控制。

避免树莓派短路的措施

这个项目涵盖深水和电路两部分——从历史上来看，这两件事如同水和猫一样总是会聚到一起。如果你设计的外壳不能完全防水的话，很有可能会将树莓派和相关的部件烧毁。为此，你应当进行以下一项或者全部的操作：

❑ 为你的潜水器项目多买一台树莓派。这相对来说不是很贵，而且如果你不幸烧了一台树莓派，仍可将新的树莓派恢复成原有的状态，包括恢复所有的调整并安装一切附加模块。如果你复制了你的 SD 卡（见下一点），潜水器的树莓派将会同之前的一模一样。

❑ 定期备份你的 SD 卡，就如同定期备份计算机的硬盘一样。如果备份了，一旦存储卡发生了些意外，你也不会损失太多。

12.1　零件购买清单

在这个项目中，你需要如下设备：

❑ 树莓派

❑ 树莓派摄像机套件——可以在 Adafruit、Amazon 和 Sparkfun 上购买

❑ 电机驱动——L298 双路 H 桥电机驱动

❑ Nintendo Wii nunchuk 控制器

❑ 1 个 Wiichuck 的适配器（http://www.sparkfun.com/products/9281）

❑ 排线

❑ 2 台直流电机

❑ 螺旋桨模型

❑ 2 组电池（最好是遥控飞机爱好者使用的那种锂电池）

❑ 1 个防水外壳——可以参考特百惠的塑料制品或者类似的东西

❑ 1 管 5200 海洋防水密封胶

❑ PVC 管及连接管

❑ 各式拉链若干

❑ 铁丝网或者塑料网

❑ 导线——18 号，红色及黑色若干

❑ 网线——25 ~ 50 英尺（尽可能买散装的，因为你不需要两端的塑接头，只需要那根线）

❑ 蜡

❑ 密封剂

12.2 访问树莓派的 GPIO 引脚

使得树莓派如此便利的特点之一便是其 GPIO 引脚。通过使用预装在树莓派内的 Python 模块，便可以对 GPIO 引脚直接进行控制，包括将电压输出至外部的设备以及读取可在程序中使用的数据。

GPIO：有什么大不了的？

GPIO 引脚就如同老式电脑上的一些接口，是一种与外界交互的简单方式，包括使用串口接口或者是打印机（并行）接口。这两者皆可通过正确的函数库进行调用，并将数据发送至每一个引脚。但随着科技的进步，这两种接口逐步消失，取而代之的是利用 USB 及网线进行连接。最终，从编程的角度而言，外部设备变得越来越难以控制，这也就是为什么许多人对于树莓派提供 GPIO 引脚如此兴奋。

为了通过编程的方式配置树莓派使其可以访问 GPIO 引脚，你可能需要安装正确的开发套件及开发工具。输入：

```
sudo apt-get install python-dev
```

安装结束后，输入：

```
sudo apt-get install python.rpi-gpio
```

注意 python-rpi.gpio 也许已经预装了，具体还要根据你的 Raspbian 版本而定。阅读本章时，也有可能给出错误提示"Unable to locate package"（无法找到该安装包）。当然这不是什么大问题——因为它很有可能已经预装了。

现在，你已经可以访问这些引脚了。用于访问这些引脚的 Python 模块是 RPi.GPIO 模块。当你编程时，通常输入以下内容进行调用：

```
import RPi.GPIO as GPIO
```

之后输入以下内容进行配置：

```
GPIO.setmode(GPIO.BOARD)
```

它的作用是让你可以根据一张标准引脚说明图来明确每一个引脚的作用，具体见图 12-1。

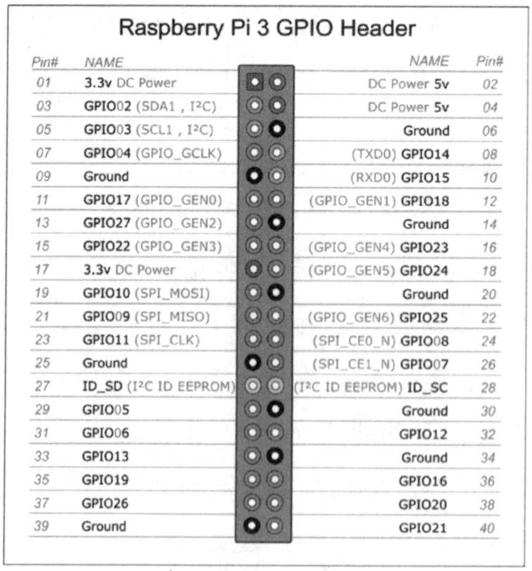

Raspberry Pi 3 GPIO Header

Pin#	NAME		NAME	Pin#
01	3.3v DC Power		DC Power 5v	02
03	GPIO02 (SDA1 , I²C)		DC Power 5v	04
05	GPIO03 (SCL1 , I²C)		Ground	06
07	GPIO04 (GPIO_GCLK)		(TXD0) GPIO14	08
09	Ground		(RXD0) GPIO15	10
11	GPIO17 (GPIO_GEN0)		(GPIO_GEN1) GPIO18	12
13	GPIO27 (GPIO_GEN2)		Ground	14
15	GPIO22 (GPIO_GEN3)		(GPIO_GEN4) GPIO23	16
17	3.3v DC Power		(GPIO_GEN5) GPIO24	18
19	GPIO10 (SPI_MOSI)		Ground	20
21	GPIO09 (SPI_MISO)		(GPIO_GEN6) GPIO25	22
23	GPIO11 (SPI_CLK)		(SPI_CE0_N) GPIO08	24
25	Ground		(SPI_CE1_N) GPIO07	26
27	ID_SD (I²C ID EEPROM)		(I²C ID EEPROM) ID_SC	28
29	GPIO05		Ground	30
31	GPIO06		GPIO12	32
33	GPIO13		Ground	34
35	GPIO19		GPIO16	36
37	GPIO26		GPIO20	38
39	Ground		GPIO21	40

图 12-1 GPIO 引脚说明图

注意 请记住，在使用 `GPIO.setmode (GPIO.BOARD)` 对引脚 11 进行操作时，实际上你是对物理上的 #11 引脚进行操作（这相当于图 12-1 中的 GPIO17），而不是 GPIO11，GPIO11 实际上指向的是物理的 #23 引脚。

设置好模式后，你可以将每个引脚设置为输入或输出模式。熟悉 Arduino 的用户可能会明白这里的概念。例如，输入：

```
GPIO.setup (11, GPIO.OUT)
GPIO.setup (13, GPIO.IN)
```

当你将某一引脚设置为输出，你便可以通过输出以下内容向其发送电压（打开开关）：

```
GPIO.output (11, 1)
```

或者

```
GPIO.output (11, True)
```

接着，要关闭操作，可以输入：

```
GPIO.output (11, 0)
```

或者

```
GPIO.output (11, False)
```

当一个引脚设置为输入时，你可以通过查询该引脚判断与之相连的按钮或开关是否被按下。然而，这里要注意，如果一个引脚仅被定义为 INPUT，那么该值被定义为"浮动"状态，且没有具体的电压值。在这种情况下，我们需要将其连接至地，这样在我们按下按钮之前其值均保持为 LOW(0)。具体的做法是在引脚和地之间加一个下拉电阻。幸运的是，`RPi.GPIO` 模块允许我们通过软件实现该操作，具体做法如下：

```
GPIO.setup (11, GPIO.IN, pull_up_down=GPIO.PUD_DOWN)
```

这时，你可以通过以下代码"查询"该引脚的情况：

```
if GPIO.input(11):
    print "Input was HIGH"
else:
    print "Input was LOW"
```

将这一段简单的代码作为循环添加到程序中，每当循环执行时，程序会检查该引脚的状态。我们会在最终的潜水器程序中使用这个功能来调用摄像头进行拍照操作。

12.3　安装树莓派摄像头模块

我们此处准备的潜水器具备拍照功能，无论是按某一频率进行拍照或是按下开关进行拍照。但很明显，这都意味着我们必须要安装可以同树莓派进行交互的摄像机模块。

当你看到摄像头模块时，最有可能的情况是它被放在一个防静电灰色袋子中纯白色盒子内。将摄像机模块从袋中取出之前，一定要确保自己已经触碰到地面，并且身上不带有任何静电。

摄像头需要连接到树莓派位于 HDMI 输出端口和网口之间的条形接口上。首先将接口一端拖出，打开接口——它会"弹出"几毫米，而这正是你需要的。手持摄像机排线的末端，并让接口（银色边，而不是蓝色边）正对着 HDMI 接口。将排线插入接口底部并确保其连接正常。之后，一边保持排线稳定，另一边推动接口两端，直到它们合并在一处，最终闭合接口（如图 12-2 所示）。

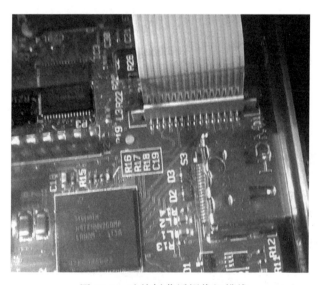

图 12-2　连接树莓派摄像机排线

你应该在第 3 章设置树莓派的时候已经打开树莓派摄像机了，如果没有也没有关系。打开终端，输入：

```
sudo apt-get update
```

和

```
sudo apt-get upgrade
```

确保树莓派已安装最新的内核补丁，并且软件都已升级至最新。然后输入以下命令进行配置：

```
sudo raspi-config
```

转至"camera"选项，并且选择"Enable"。之后选择"Finish"重启树莓派即可。

重启树莓派之后，你便可以使用其内置的摄像机函数 `raspistill` 和 `raspivid`体验摄像机功能了。对于完整的指令，只需在命令提示符处输入：

```
raspivid
```

或者

```
raspistill
```

例如以"cartoon"（卡通）格式拍摄一张静态的照片，输入：

```
raspistill -o image.jpg -ifx cartoon
```

之后拍摄的照片会保存在你当前的文件夹下。你可以改变图像的分辨率、高度、宽度、效果及延时长短，甚至可以通过 −t1 标志设置定时操作（我们稍后会用到）。

12.4 控制潜水器

为了控制潜水器，我们要用到两台直流电机、一个电机驱动芯片（已经放置在印制电路板上）和一个 Wii nunchuk 手柄（如图 12-3 所示）。通过一个特殊的适配器，你可以查看到 nunchuk 的每一根线，并且将它们直接连接到树莓派上，而不需要从控制器的末端进行剪切操作。

图 12-3　Wii nunchuk 手柄

nunchuk 手柄通过 I2C 或称为 IIC 协议进行通信，IIC 代表 Inter-Integrated Circuit（内部集成电路）。如果你阅读了本书前面的章节，应该记得我们在第 6 章中介绍过 I2C 协议。I2C 是在 20 世纪 80 年代早期由飞利浦公司开发的，它为多种设备在单总线（通信线路）通讯提供了一种方法。尽管其经历了几个版本的更新，但基本概念仍保持不变。在一个 I2C 总线上，一台设备作为"master"（主设备），并且可连接多种不同的"slave"（从设备）。每一台设备均可通过相同的一套线路进行通讯，其根据主设备发出的时钟信号区分不同的通信。幸运的是，树莓派可以通过某些 GPIO 引脚的复用使用 I2C 协议，并且通讯方式相对简单，因为仅有两台设备在通讯：作为主设备的树莓派和作为唯一从设备的 Wii nunchuk 手柄。

12.5　连接 Wiichuck 适配器

你需要做的第一件事便是将四根排线焊接到 Wiichuck 适配器上。使用少量的焊锡，将排线连接至适配器（如图 12-4 所示）。如同大多商业化的开发板一样，适配器的开发板也覆盖有焊锡疏涂层，以防止焊锡在连接处来回流动并导致短路。这样，即便对于经验不足的焊接者，也能轻松将排线焊接至适配器上。

你需要在 Wiichuck 上准备四个连接——正极、负极、SDA（I2C 的数据线）和

SCL（I2C 的时钟线）。你需要将正极接到 GPIO 引脚 #1，负极接到 GPIO 引脚 #6。将 SDA 接至引脚 #3，SCL 连接引脚 #5。可以看到，图 12-5 为 Wiichuck 正确连接到控制器的状态。

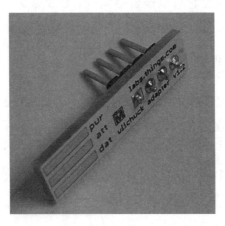

图 12-4　将排线焊接至 Wiichuck 适配器上

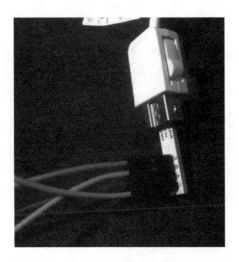

图 12-5　Wiichuck 适配器正确连接的位置

小心　你应该将 nunchuk 连接至树莓派的 #1 引脚（3.3V），而不是 #2 引脚（5V）。因为 Wii nunchuk 设计的工作电压为 3.3V，而不是 5V。尽管 5V 电压也可使其工作，但会严重缩短控制器的寿命。

12.6　激活树莓派的 I2C

树莓派有两个引脚 #3 和 #5，它们分别被预先配置为 I2C 协议的 SDA（数据）线和 SCL（时钟）线，因此它可以很容易地与 I2C 设备进行通信。树莓派还有一个 I2C 实用程序，可以查看当前连接的设备。要安装它，输入：

```
sudo apt-get install python-smbus
sudo apt-get install i2c-tools
```

如果你使用的是最新版本的 Raspbian 系统，比如 Wheezy 或 Stretch，这两个软件应该已经安装好了，在这种情况下，你只会收到一个提示，告诉你它们已经是最新版本了。

现在可以运行 I2C 实用工具 i2cdetect 以确保一切正常工作，并查看连接了哪些设备。输入以下行：

```
sudo i2cdetect -y 1
```

界面显示如图 12-6 所示。

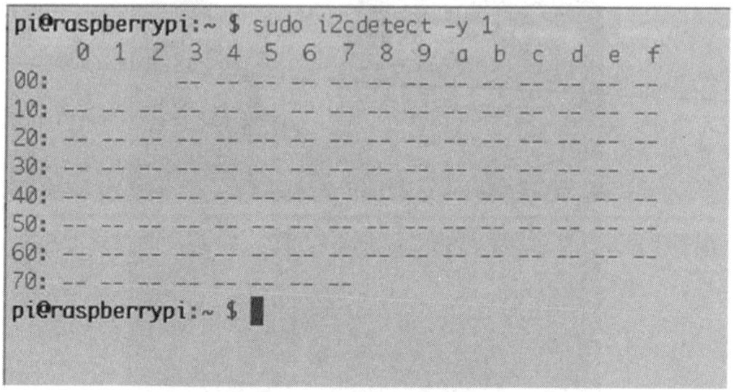

图 12-6　i2cdetect 工具

在图中，没有设备出现，这是有原因的，因为我们还没有插入任何设备。但是你知道你的工具工作正常。如果你已经插入了 Wiichuk 适配器，你应该会看到 #52 处的条目，这是该工具的 I2C 地址。

如果你在获取结果的过程中遇到了问题，并且非常确信你正确地连接了所有的电线和设备，请检查所有的电线是否完好无损。我花费了几个小时的时间，用来故障排除，最后却只发现我正在使用的一个或多个廉价跳线绝缘内部被打破，这意味着我没有得到应该有的信号。这些小问题发生的次数比你想象的要多！

12.7 从 nunchuk 读取数据

现在你一定准备好从 nunchuk 读取数据了。最终，我们是将 nunchuk 发出的信号转化为对电机的操作命令。但先让我们看看将会处理什么样的信号。为此，让我们创建一个 Python 程序引用正确的模块，监听 nunchuk 发出的信号并最终将其输出至屏幕上。数据线会传送出多种信号：操纵杆的 x、y 坐标信息，前端 "Z" 和 "C" 按键的状态，以及 nunchuk 内置的加速器的 x、y、z 的状态。尽管不会在潜水器项目中用到全部信息，但我们仍可以观察这些数据。

以下是你要输入的全部代码：

```
#import necessary modules
import smbus
import time

bus = smbus.SMBus(1)

#initiate I2C communication by writing to the nunchuk
bus.write_byte_data(0x52,0x40,0x00)
time.sleep(0.1)
while True:
  try:
    bus.write_byte(0x52,0x00)
    time.sleep(0.1)
    data0 =  bus.read_byte(0x52)
    data1 =  bus.read_byte(0x52)
    data2 =  bus.read_byte(0x52)
    data3 =  bus.read_byte(0x52)
    data4 =  bus.read_byte(0x52)
    data5 =  bus.read_byte(0x52)
    joy_x = data0
    joy_y = data1
    accel_x = (data2 << 2) + ((data5 & 0x0c) >> 2)
```

```
        accel_y = (data3 << 2) + ((data5 & 0x30) >> 4)
        accel_z = (data4 << 2) + ((data5 & 0xc0) >> 6)
        buttons = data5 & 0x03

        button_c = (buttons == 1) #button_c is True if buttons = 1
        button_z = (buttons == 2) #button_z is True if buttons = 2

        print 'Jx: %s Jy: %s Ax: %s Ay: %s Az: %s Bc: %s Bz: %s' %
        (joy_x, joy_y, accel_x, accel_y, accel_z, button_c, button_z)
    except IOError as e:
        print e
```

如果你还没有为潜水器程序创建一个新的文件夹的话，那先请创建一个，将程序保存在该文件夹并运行该程序。在引入必要模块后，程序会针对 nunchuk 发起的所有会话创建一个"总线"进行监听。之后通过向 nunchuk 的 I2C 总线地址写数据（bus.write_byte_data()）开始通讯。接着，进入一个循环，并持续从 nunchuk 读取 5 字节的字符串数据（data0、data1 等），并将它们以操纵杆的方向、加速器内容，以及按键状态的顺序归类。之后将这些值输出至屏幕后重复这个过程。

因为该过程包含 I2C 总线读写数据，因此你需要以 root 身份运行该程序。按如下内容输入：

```
sudo python nunchuktest.py
```

脚本程序启动之后，它会给出 nunchuk 各个传感器的运行状态，实时更新并按类似于如下的格式进行输出：

```
Jx: 130 Jy: 131 Ax: 519 Ay: 558 Az: 713 Bc: False Bz: False
```

脚本程序运行时，试着移动操纵杆，按下按键并摇晃 nunchuk，观察输出值的变化情况。现在你知道如何从 nunchuk 读取数据了，接下来我们将利用这些数据操作电机。

12.8　nunchuk 和 LED 测试项目

作为一个小的测试项目（以及作为一个测试 nunchuk 读取能力的项目），我将 6 盏 LED 灯以及一些 GPIO 引脚放置于实验板内，以便它们根据我移动操纵杆或者按下按键而亮起。这也许是一个值得进行的测试，不仅可以确保你读到数据，还可以根据数据进行一些操作。在这个情况下，选择 4 个 GPIO 引脚并将它们设置为输出模式。并将这些引脚与一个电阻相连，将所有 LED 灯的正极并排，将所有的地连在一起（如图 12-7 所示），并运行如下程序：

```
import smbus
import time
import RPi.GPIO as GPIO
GPIO.setwarnings(False)
GPIO.setmode(GPIO.BOARD)
#set pins
GPIO.setup (11, GPIO.OUT)
GPIO.setup (13, GPIO.OUT)
GPIO.setup (15, GPIO.OUT)
GPIO.setup (19, GPIO.OUT)
GPIO.setup (21, GPIO.OUT)
GPIO.setup (23, GPIO.OUT)

bus = smbus.SMBus(0)

bus.write_byte_data (0x52, 0x40, 0x00)
time.sleep (0.1)
while True:
    try:
        bus.write_byte (0x52, 0x00)
        time.sleep (0.1)
        data0 = bus.read_byte (0x52)
        data1 = bus.read_byte (0x52)
        data2 = bus.read_byte (0x52)
        data3 = bus.read_byte (0x52)
        data4 = bus.read_byte (0x52)
        data5 = bus.read_byte (0x52)
        joy_x = data0
        joy_y = data1
# the following lines add the necessary values to make the
received 5-byte
# strings easier to decode and print
        accel_x = (data2 << 2) + ((data5 & 0x0c) >> 2)
        accel_y = (data3 << 2) + ((data5 & 0x30) >> 4)
        accel_z = (data4 << 2) + ((data5 & 0xc0) >> 6)
        buttons = data5 & 0x03
        button_c = (buttons == 1)
        button_z = (buttons == 2)
        print 'Jx: %s Jy: %s Ax: %s Ay: %s Az: %s Bc: %s Bz:
%s' % (joy_x, joy_y, accel_x, accel_y, accel_z, button_c,
button_z)
        if joy_x > 200:
            GPIO.output (11, 1)
            GPIO.output (13, 0)
            GPIO.output (15, 0)
```

```
            GPIO.output (19, 0)
            GPIO.output (21, 0)
            GPIO.output (23, 0)
        elif joy_x < 35:
            GPIO.output (11, 0)
            GPIO.output (13, 1)
            GPIO.output (15, 0)
            GPIO.output (19, 0)
            GPIO.output (21, 0)
            GPIO.output (23, 0)
        elif joy_y > 200:
            GPIO.output (11, 0)
            GPIO.output (13, 0)
            GPIO.output (15, 1)
            GPIO.output (19, 0)
            GPIO.output (21, 0)
            GPIO.output (23, 0)
        elif joy_y < 35:
            GPIO.output (11, 0)
            GPIO.output (13, 0)
            GPIO.output (15, 0)
            GPIO.output (19, 1)
            GPIO.output (21, 0)
            GPIO.output (23, 0)
        elif button_c == True:
            GPIO.output (11, 0)
            GPIO.output (13, 0)
            GPIO.output (15, 0)
            GPIO.output (19, 0)
            GPIO.output (21, 1)
            GPIO.output (23, 0)
        elif button_z == True:
            GPIO.output (11, 0)
            GPIO.output (13, 0)
            GPIO.output (15, 0)
            GPIO.output (19, 0)
            GPIO.output (21, 0)
            GPIO.output (23, 1)
        else:
            GPIO.output (11, 0)
            GPIO.output (13, 0)
            GPIO.output (15, 0)
            GPIO.output (19, 0)
            GPIO.output (21, 0)
            GPIO.output (23, 0)
    except IOError as e:
        print e
```

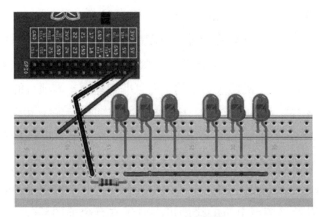

图 12-7　LED 测试设置

正如之前提到过的，这段代码会创建一个"总线"供 nunchuk 建立的所有通讯使用。之后通过向 nunchuk 的 I2C 地址写入数据开始通讯（bus.write_byte_data()）。接着，程序进入一个循环，循环内持续读取从 nunchuk 发送的 5 字节的字符串信息（data0、data1 等），并按照操纵杆方向、加速器信息及按键按下情况的顺序分类。这些字符串的值反映了 nunchuk 的每一部分当前的情况：例如，当 buttonZ 的值为 True 时，意味着按键被按下。同样，操纵杆的 y 方向值则表明了操纵杆是前推还是后拉。长的 if-elif 语句只是在遍历接收到的值，并点亮相应的 LED 灯。

当运行该程序时（同样，通过 sudo 运行），其结果为根据你对 nunchuk 的不同操作，点亮不同的 LED 灯。

如你所见，将 LED 灯并联意味着他们将共用同一个地，同一个电路。相反，如果你将它们串联，每个 LED 灯的正极会连接到下一个 LED 灯的负极上，最后一个 LED 灯及树莓派的正负引脚都需要搭配一个电阻。

12.9　通过 nunchuk 控制潜水器电机和摄像头

现在，你已经将 nunchuk 调试成功，我们需要用它来控制潜水器的电机部分，这会涉及 L298 电机控制芯片。一般而言，我们不能用树莓派直接控制强大的电机或者舵机，因为树莓派不能为它们提供足够的电流。为了解决这个问题，我们使用电机驱动芯片，如 L298 芯片。这样的芯片，称为 H 桥（H-bridges），这种芯片在为电机提供外部电源的同时，允许你通过树莓派按序对电机进行开关操作。L298 芯片虽然价格仅有几美元，但却可以用来操作很强大的电流和电压——高达 4A 的电流以及 46V 的电压。这通常是用于机器人操作的，而且非常适合于本项目的这种应用场景。

然而，尽管该芯片十分便宜，但当你将其连接到树莓派上并用它驱动电机的时候，你还需要一些 10nF 的电容及一些反激式二极管，用来保护树莓派免受电机电压峰值的影响。正如我在零件购买清单中提到的，我强烈推荐从 Sparkfun 上购买 L298 电机驱动板。它使得连接的操作变得更加简单：你只需准备外部电源、树莓派发出的信号部分以及连接至电机的线即可。对于本章余下的部分，我会假设你正在使用从 Sparkfun 购买的驱动板。如果你打算自己用实验板准备该电路的话，也可以在网上找一些配置好的电路图做参考。

为了控制潜水器及电机，我们需要对 12.8 节的 LED 驱动代码进行一些调整。我们会以对电机的开关操作及激活摄像头的操作替代之前开关 LED 灯的操作。基本的控制思路如下：

- ❏ 操纵杆向前 = 两个电机都转动
- ❏ 操纵杆向左 = 右电机转动
- ❏ 操纵杆向右 = 左电机转动
- ❏ 按下 C 按键 = 用摄像机拍摄静态照片
- ❏ 按下 Z 按键 = 用摄像机拍摄视频

为了使 L298 控制板可以为电机供电，我们总共会在树莓派和控制板之间连接 7 根线——每一个电机连 3 根，以及地线的连接。A 电机由 IN1、IN2 和 ENA（"enable A"）控制。B 电机则由 IN3、IN4 和 ENB 控制。当控制 A 电机时，首先将 ENA 置为高电平，之后将 IN1 或 IN2 任意一个置为高即可（两者都不置高则为制动操作），B 电机的操作一样。对电机供电的电源连接在控制板上，完全绕过树莓派。具体的示例请见表 12-1 和图 12-8。

很明显，我们只需要为每个电机设置 3 个 GPIO 引脚，同时通过 I2C 读取 GPIO 引脚的值，并根据我们从 nunchuk 得到的信号对电机引脚进行高低的设置。我们也会检查按键按下的情况，并判断是否激活摄像机进行操作（图 12-8 展示的只是一个电机的连接操作，不是两个）。

表 12-1　电机的值及其设置

ENA 的值	ENA = 1	ENA = 1	ENA = 1	ENA = 0
IN1 的值	IN1 = 1	IN1 = 0	IN1 = 0	—
IN2 的值	IN2 = 0	IN2 = 1	IN2 = 0	—
结果	A 电机顺时针旋转	A 电机逆时针旋转	A 电机制动	A 电机停止

图 12-8　连接到树莓派的电机和电机控制板

我们可以为摄像机在其各个功能中设置每个不同的命令（`take_picture`、`take_video` 等），当 nunchuk 上按下适当的按钮时，能够调用该功能。同样，我们可以根据操纵杆的位置设置运行电机的函数并调用这些函数。所有这些都在 `while` 循环中发生，并一直持续到程序终止或电池耗尽。

12.10　远程启动程序

当你为潜水器供电后，即便树莓派没有连接键盘、鼠标或者显示器，仍有几种办法可以运行 Python 程序。似乎最简单的办法是将 IP 地址设置为静态地址，并通过笔记本电脑远程登录树莓派，之后运行程序。然而，这个方式仅当你连接至无线网时才可成功，在湖中心（大海，或是其他你使用潜水器的地方）不会有任何网络供你连接。

当然，你也可以创建一个临时（ad hoc）局域网，这是树莓派和笔记本电脑创建的一个小型专有网络，之后通过笔记本电脑登录树莓派。但建立一个临时局域网会比较麻烦，而且如果由于某些原因不能成功建立的话，你便不能访问你的树莓派，从而无法使用潜水器。

深思熟虑之后，我认为最佳的执行办法是当树莓派启动后自动打开潜水器控制程序。那样你只需要打开开关，为电机供电，之后便可用潜水器完成你的工作了。

为了实现这样的操作，你需要编辑一个文件——cron 调度程序文件。cron 调度程序是你可以编辑的任务调度程序。它允许你以特定的次数或周期调度任务和程序。编辑该文件的方法如下，通过输入以下内容打开名为 crontab 的文件：

```
sudo crontab -e
```

每一个用户都有其自己的 crontab，但通过 sudo 的帮助我们可以编辑 root 用户的 cron 文件，这正是我们需要执行 Python 程序的用户。你会看到如图 12-9 所示的内容。

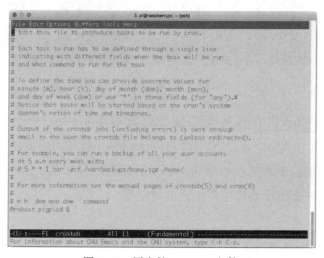

图 12-9 用户的 crontab 文件

将该文件滚动至末尾，并输入：

```
@reboot python /home/pi/Desktop/submersible/sub.py &
```

这是你的 Python 程序所在的具体路径（假设程序保存为 sub.py，且保存在桌面的 submersible 文件夹内），而“&”符号则告诉 cron 在后台运行该任务，这样就不会影响到正常的启动流程了。通过按下 Ctrl+X，Y 保存文件，并返回。下一次重启树莓派时，sub.py 便自动执行了——你喜欢的话可以自己测试一下！

12.11　最终代码

将以下的代码保存到树莓派内，最好保存到相关的文件夹内。在 Apress 的网站上也可以找到 sub.py 的代码。

```python
import time
import smbus
from picamera import PiCamera
import RPi.GPIO as GPIO
GPIO.setwarnings (False)
GPIO.setmode (GPIO.BOARD)

camera = PiCamera()

def take_stillpic(num):
    camera.capture("image" + str(num) + "jpg")

def go_forward():
    GPIO.output (19, 1) #IN1 on
    GPIO.output (23, 0) #IN2 off
    GPIO.output (11, 1) #IN3 on
    GPIO.output (15, 0) #IN4 off

def go_backward():
    GPIO.output (19, 0) #IN1 off
    GPIO.output (23, 1) #IN2 on
    GPIO.output (11, 0) #IN3 off
    GPIO.output (15, 1) #IN4 on

def go_right():
    GPIO.output (19, 1) #IN1 on
    GPIO.output (23, 0) #IN2 off
    GPIO.output (11, 0) #IN3 off
    GPIO.output (15, 1) #IN4 on

def go_left():
    GPIO.output (19, 0) #IN1 off
    GPIO.output (23, 1) #IN2 on
    GPIO.output (11, 1) #IN3 on
    GPIO.output (15, 0) #IN4 off

#set motor control pins
#left motor
# 11 = IN3
# 13 = enableB
# 15 = IN4
GPIO.setup (11, GPIO.OUT)
GPIO.setup (13, GPIO.OUT)
GPIO.setup (15, GPIO.OUT)
```

```
#right motor
# 19 = IN1
# 21 = enableA
# 23 = IN2
GPIO.setup (19, GPIO.OUT)
GPIO.setup (21, GPIO.OUT)
GPIO.setup (23, GPIO.OUT)

#enable both motors
GPIO.output (13, 1)
GPIO.output (21, 1)

#setup nunchuk read
bus = smbus.SMBus(0)  # or a (1) if you needed used y -1 in the
i2cdetect command
bus.write_byte_data (0x52, 0x40, 0x00)
time.sleep (0.5)

x = 1
while True:
    try:
        bus.write_byte (0x52, 0x00)
        time.sleep (0.1)
        data0 = bus.read_byte (0x52)
        data1 = bus.read_byte (0x52)
        data2 = bus.read_byte (0x52)
        data3 = bus.read_byte (0x52)
        data4 = bus.read_byte (0x52)
        data5 = bus.read_byte (0x52)
        joy_x = data0
        joy_y = data1
        accel_x = (data2 << 2) + ((data5 & 0x0c) >> 2)
        accel_y = (data3 << 2) + ((data5 & 0x30) >> 4)
        accel_z = (data4 << 2) + ((data5 & 0xc0) >> 6)
        buttons = data5 & 0x03
        button_c = (buttons == 1) or (buttons == 2)
        button_z = (buttons == 0) or (buttons == 2)

        if joy_x > 200: #joystick right
            go_right()
        elif joy_x < 35: #joystick left
            go_left()
        elif joy_y > 200: #joystick forward
            go_forward()
        elif joy_y < 35: #joystick back
            go_backward()
        elif button_c == True:
            x = x+1
            take_stillpic(x)
```

```
        elif button_z == True:
            print "button z! \n"
        else: #joystick at neutral, no buttons
            GPIO.output (19, 0)
            GPIO.output (23, 0)
            GPIO.output (11, 0)
            GPIO.output (15, 0)
except IOError as e:
    print e
```

12.12 构造潜水器

此时，我们已经准备搭建实际的潜水器了。将你准备的材料（PVC 直管和连接管、防水外壳、胶、螺丝钉以及其他东西）整理到一起。记住，接下来的环节中我展示的设计仅仅是一个例子，不是一步步的教学指导。只要你经过一系列操作将树莓派和电机装在防水壳内，并将螺旋桨安置好，你便出色地完成了这项工作。

> 注意 组装的过程，尤其是电机防水的过程，受 Seaperch 项目（`http://www.seaperch.org`）影响很大。该项目旨在教会各年龄段的学生如何打造一个远程控制的潜水器，并鼓励他们更多地参与到工程和数学领域。这是一个很有意义的项目，我十分拥护其目的。

12.13 构建框架

使用 PVC 直管和 90 度导管，构建一个足够容纳你的树莓派的框架，类似于长方形。在使用 PVC 胶或者螺丝钉将一切固定好之后，将塑料网剪成合适的长方形大小并使用扎带将其固定在框架上。最终的效果应该如图 12-10 所示，是一个类似塑料"托盘"的框架。

这是你的潜水器的框架。我把它做得很大，以便当我需要增加浮力的时候可以在两侧增加塑料泡沫——虽然在看到树莓派周围充满空气之后，我就知道不应该留出这么大的空间。

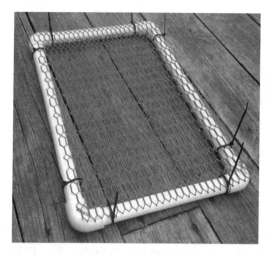

图 12-10 潜水器的框架

12.14 构建树莓派的外壳

你需要一个足够装下所有电子器件的干净的塑料容器。我特别指出"干净"这个词语是因为到时候你的摄像头会透过该容器进行拍摄，所以你需要保证它达到可以拍摄出清晰照片的程度。选择好容器后，钻出三个小孔——两个用来放置连接电机的导线，另一个则是用来放置连接 nunchuk 的导线，如图 12-11 所示。

图 12-11 树莓派的防水外壳

12.15 电机的防水外壳

也许本项目中最困难的部分就是对电机进行防水保护了，因为它们将会在树莓派的外壳之外。我采用的方式是通过处方药的瓶子包裹它们。首先，用绝缘胶带完全包裹住电机及导线，以达到密封套管孔径的效果（如图 12-12 所示）。

图 12-12　用绝缘胶带包裹的电机

从导线末端剥出一小段，并将电机的两根导线与剥出网线中相邻的两根导线焊接在一起。当它们被完全包裹而且两根导线也连接好后，在药瓶上钻两个孔——一个在瓶盖上与螺旋桨相连，另一个在底部与控制线相连。将线沿着瓶子慢慢拽出，并确保瓶中的每一个部分都贴合得十分紧密，如图 12-13 和图 12-14 所示。

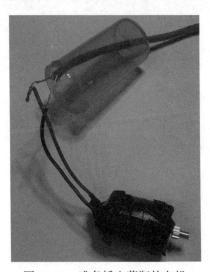

图 12-13　准备插入药瓶的电机

图 12-14 在瓶中紧贴的电机

现在（此处便是防水的关键操作）将药瓶竖直放置，并将其灌满蜡，使得电机和导线周围充满蜡，如图 12-15 所示。从超市买到的石蜡就可以。如果你每填一小层蜡，等其冷却后再填下一层，直至整个瓶子填满，这样密封效果会更好。

图 12-15 充满蜡的电机

当它完全被蜡所包裹后，请确保你的电机仍可以转动。将瓶盖拧上，确保电机轴可以穿过你先前钻的孔。之后将螺旋桨安装在外面的轴上，便会得到一个如图 12-16 所示的防水电机了。重复制作电机的操作，并为潜水器的另一侧做一个螺旋桨，接着，将两个电机用扎带固定在潜水器的框架上。

图 12-16 已经准备好的防水电机

12.16 连接至 nunchuk

既然我们已经决定将潜水器用网线连接至 nunchuk 手柄（手柄会保留在船上），那么你便需要另一根网线。剥出一部分网线，将其中的 4 根线焊接到 wiichuck 控制板上。将网线的另一端沿潜水艇外壳的孔插入其中，并将相连的 4 根线分别连接到树莓派的 GPIO 引脚上。

12.17 装配最终的产品

电机防水后，你便可以组装最终的产品了。将连接至每个电机的导线穿过刚才防水外壳预留的孔，并将其连接至电机控制板上，如同之前做测试的连接方式一样。当所有的导线都穿过孔后，使用海用环氧树脂将孔密封。

警告　5200 密封胶尤为黏，一旦粘到你的皮肤上便不会脱落。因此，尽可能戴上手套，并在室外完成你的工作。同样，别吝惜你的胶，要想保护你所有的电子产品，一定要确保水无法浸入外壳中。

当孔密封好后，在确保所有的电器连接都完好的情况下，将树莓派和电机控制板放入外壳中。用一小块胶带或者腻子（这也是我所采用的）将摄像头固定在外壳

"墙壁"的前端，并将各个部分固定住。使用一小块的实验板连接所有的地，最后再加入两块电池——一块为树莓派供电，另一块为电机控制板供电。

用电池为树莓派供电时，你必须采用 5V 电压，因为树莓派并没有板载的电压调节器。你可以使用不同电池的组合，或者选用电压调节器来实现该操作。对于我所有的移动端的树莓派的工作，我都会使用一个改良的 USB 车载充电器实现供电操作，如图 12-17 所示，因为它会提供 5V 电压和大约 2A 电流，十分合适。

图 12-17　USB 车载充电器

将外壳打开，用 USB 转 microUSB 线将 USB 电源连接至树莓派。之后将电池连接至车载充电器的电源输入处，这样，你就完成了 5V 电压的供电操作！

一旦整理好电源，你便可以将一切都放在外壳内，持续为树莓派供电并将外壳密封。希望你最终的效果和图 12-18 所示的类似。

图 12-18　成型的潜水器

很明显，图 12-18 所示的产品并非最终的版本——因为我还未连接 nunchuk
手柄——但你可以看到电机和外壳本身的放置状况。作为最终搭建成的照片，
图 12-19 展示了树莓派摄像头在腻子的帮助下置于外壳前壁的情况。

图 12-19　树莓派摄像头在外壳内的摆放位置

如果你仔细按照每一个步骤去完成，现在应该已经拥有了一个树莓派驱动的，
可通过海上小船内的 Wii nunchuk 手柄控制的潜水器了。按下 nunchuk 的按键可以
进行拍照，并且当你将树莓派收回的时候，你可以将这些图片传输到电脑中。

你会拍到什么样的照片呢？如果你生活在澳大利亚，你可能会拍摄到如图 12-20
所示类似的照片。

（揭秘一下：这张照片不是通过树莓派潜水器拍摄的，但它能做到。）

然而，如果你住在阿拉斯加，得到的最终照片可能更像图 12-21 和图 12-22
一样。

如果你住在南加州，你可能会得到如图 12-23、图 12-24，以及图 12-25 这样的
照片。

好好享受你的潜水器吧！我也想看看你拍到的照片！

图 12-20　水下摄影

图 12-21　阿拉斯加海底摄影

图 12-22　另一张阿拉斯加海底摄影

图 12-23　水下摄影

图 12-24　水下摄影

图 12-25　水下摄影

12.18　总结

在本章，你已经学会如何通过 I2C 协议将 Wii nunchuk 手柄连接到树莓派上，并用其控制树莓派的一小部分功能。之后你为树莓派构建了一个防水的、移动的外壳，并连接了一些电机和摄像头，最终实现了远程控制潜水艇拍摄一些令人印象深刻（希望是）的水下照片。

在下一章，你会学到如何将一个微控制器——Arduino——连接到树莓派，并提高其能力。

第 13 章　　*Chapter 13*

树莓派和 Arduino

　　如同花生酱和果冻、蝙蝠侠和罗宾、杰基尔博士和海德先生一样，有些事情注定是要组合在一起的，当我们第一眼看到这样的组合就已经知道了。而树莓派和 Arduino 就是这样的组合。许多爱好者及工程师（包括我自己）使用 Arduino 做项目已经很久了，但我们一直期盼着有一个大小相仿但性能稍微强些的设备出现。而树莓派的出现正是满足了我们的期望。相比于 Arduino 而言，树莓派性能更强（Arduino 只是一台微控制器），它有一个完整的 ARM 处理器—在树莓 3 中是一个四核处理器。这显然是一个完美的组合，自从树莓派首次亮相以来，我们就一直在使用这两个的组合。

　　当然，在消费者级别的微处理器开发板市场上也有其他的竞争者。Beagleboard 就是比较受欢迎的一个。它是一款基于 ARM 处理器的开发板，可以运行包括 Angstrom 甚至 Ubuntu 等不同版本的 Linux 系统。但它唯一的缺点是其高达 100 美元的价格。Parallax 公司也推出了几款准专业级别的开发板，如内置实验板及 8 个处理器的 Propeller。与前者类似——其功能更近似于树莓派，但价格却高达 129 美元。它的 BASIC Stamp 系列微控制器早在 20 世纪 80 年代就已经推出了，但从未达到 Arduino 那样的市场占有率。自树莓派诞生以来，许多其他开发板产商也相继推出了自己的作品，并取得了不同程度的成功，比如 Pine64 和 BBC 的 micro:bit（我在另一篇文章中也提到过）。

然而，没有一款开发板可以达到 Arduino 曾经的高度。这个小小的开发板已经发展成为一种完整的文化，人人皆可用其做出十分惊人的东西。如今已经有很多关于这些项目的书籍、网站、论坛和组织，因此我不会在此重申那些资源。然而将 Arduino 同树莓派相连接并共同开发的信息却十分稀缺。树莓派是基于 Linux 系统的计算机，而这正是完美兼容了 Arduino 运行的程序。因此在本章，我们会接触到安装各种软件并独立创建一两个简单的可以运行在树莓派和 Arduino 上的项目——不需要台式机的辅助。

13.1 探索 Arduino

对于那些不了解 Arduino 的开发者们，我简单讲述一些基本信息。Arduino 是由单片机技术实现的为大众所熟知的成果，其封装得十分完善以至于外行人可以用其进行编程，并实现一些复杂有趣的电子项目。对于那些一心想做出些东西的开发者们，它是一种福音。用于开发 Arduino 运行的程序的 IDE 几乎可以运行在任何一台计算机上，而且其编程语言同 C 语言十分相似，最重要的一点，它的售价十分低廉，大多数 Arduino 版本的价格不超过 30 美元。

Arduino 的版本很多，从小的 Arduino Nano 到稍大些的（最受欢迎的）Arduino Uno（如图 13-1 所示）和 Mega。所有这些开发板均使用 Atmega168 或 328 芯片作为中央处理单元，而且它们都配有串口转 USB 接口，以便用户可通过计算机与其进行通信。它们有一系列跳线，如同树莓派的 GPIO 引脚，但大多都是母口而不是公口。

图 13-1　Arduino Uno

在一台普通的计算机上使用 Arduino 十分简单，首先从项目主页 www.arduino.cc 下载适合你计算机的 IDE 版本。安装成功后，你便可以打开一个 Arduino 程序，我们称其为"sketch"，之后便可以立即与相连的开发板的硬件资源进行交互（如图 13-2 所示）。

图 13-2　一个典型的 Arduino sketch

从上面这张图中，你可以看出这段代码的作用是控制舵机，你添加了 Servo.h 这个头文件，创建了一个名为 myservo 的对象，之后在该对象内写入值以驱动舵机移动。类似地，如果你想要点亮 LED 灯，你需要将某一引脚设置为输出状态，之后将该输出分别设置为"1"和"0"以对 LED 灯进行操作。如之前提到的，你会发现这不是 Python 代码。其句与句之间是通过分号区别的，代码段是通过括号区分的，不是通过空格。

Arduino 初始化的另一个优点是：你可以将 Atmega 芯片从开发板中取出并放入独立的实验板中进行项目开发。换言之，我们可以说你可以利用 Arduino、舵机和电机设计一个家庭宠物门自动开关的电路。你可以用 Arduino 板进行开发并测试程序，之后你可以将芯片放入你自己独立的电路中运行同样的程序。接着，你可以用另一款 Atmega 芯片（大约花费 3 美元）替换 Arduino 板的芯片，将 Arduino 的 bootloader 程序烧写至芯片，并继续进行其他的编程操作。这样每次设计新的电路就不必使用整个 Arduino 了。

13.2　在树莓派中安装 Arduino IDE

在树莓派中安装 Arduino IDE 是一系列输入命令行的简单操作：

```
sudo apt-get install arduino
```

你需要安装一切需要的依赖项，之后 IDE 便会下载安装。

完成后，你需要安装 pyserial——一个 Python 库，可以使其通过串口与 Arduino 进行交互。打开树莓派的网页浏览器，导航至 `http://sourceforge.net/projects/pyserial/`，点击"Download"按键，并保存文件。这是一个 gzip 压缩的 tar 文件，你需要对其进行解压缩操作。回到终端界面，并定位到文件所在的位置（`/home/pi/Downloads/`），输入以下命令进行解压缩操作：

```
gunzip pyserial-2.7.tar.gz
tar -xvf pyserial-2.7.tar
```

系统会新建一个名为 `pyserial-2.7` 的文件夹。通过 `cd` 命令进入该文件夹并输入以下指令进行安装：

```
sudo python setup.py install
```

🔍 **注意**　本章中介绍的过程是安装基于 Python 库的过程。`setup.py` 是一个安装 Python 库常见的脚本程序，需要在运行时添加 `install` 参数。如果你正安装一个系统范围的模块（换言之，就是你不需要进入相同的目录即可进行安装的模块），在其解压缩后的文件夹内你一定会找到一个名为"`build`"的文件夹或者名为"`setup.py`"的文件。你不需要做任何操作，因为 `setup.py` 会自动完成一切任务。使用 `sudo` 命令（因为你需要改变系统级别的文件，所以你需要通过 root 权限执行脚本命令），在终端内输入 `sudo python setup.py install`，脚本文件便会安装该模块了。

如今该库已经可以在任何 Python 程序中使用。

我们写了一些 Arduino 代码来测试该程序。因为这对你而言可能比较新，因此请紧跟我的步伐。打开 Arduino IDE（如图 13-3 所示），当 sketch 界面出现后输入以下代码：

```
int ledPin = 13;
void setup()
{
    pinMode(ledPin, OUTPUT);
    Serial.begin(9600);
}

void loop()
{
    Serial.println("Hello, Raspberry Pi!");
    delay(1000);
}
```

图 13-3　打开树莓派内的 Arduino IDE

这段代码的第一行是将变量 ledPin 设置为 13。在 setup() 函数中将 13 引脚设置为 OUTPUT（输出）模式，之后打开串口通信功能。最后，在 loop() 函数（每一个 Arduino sketch 的主循环函数）中每隔 1000 毫秒（1 秒）向串口输出"Hello, Raspberry Pi!"。保存该 sketch 并命名为 pi_test。

现在将 Arduino 与树莓派通过 Arduino 的 USB 接口相连。记住，尽管是 USB

接口，但树莓派最终还是会通过串口协议与其进行交互。因为 Arduino 有板载 USB
转串口转换器。当 Arduino 上的绿灯亮起时，你需要在树莓派 Arduino IDE 内的
"Tools"菜单上选择合适的开发板（如图 13-4 所示）。

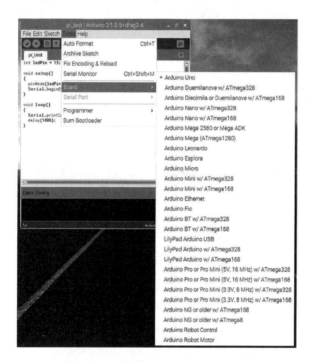

图 13-4　选择你的 Arduino 开发板

　　在你上传刚写好的 pi-test 脚本之前，最好先确保开发板已经正常连接好，这
样你便可以上传 sketch 了。为此，我们执行 Arduino IDE 内的"Blink"sketch 程
序。打开"File"菜单，选择"Examples → 01.Basics → Blink"（如图 13-5 所示）。
Blink sketch 会在一个新的窗口内打开，这样你就不会丢失当前 pi-test sketch 工
作了。Blink sketch 仅仅是对 Arduino 嵌入的 LED 灯进行开关的操作，而这个程序
通常用来确保你的配置工作一切正常。

　　当 Blink sketch 加载完成后，从"File"菜单内选择"Upload"，之后等待 IDE
编译 Blink sketch 并上传至开发板。当 Arduino 窗口显示"Done uploading"后，
Arduino 上的红灯便会缓慢闪烁。如果不闪烁的话，请再次检查你的连接并重新上
传。你可能会得到一个 error 信息，提示未能找到指定 COM 端口，请选择另一个。

这时，记好建议的端口号（你稍后会用到该信息），选择该端口并上传你的 sketch。

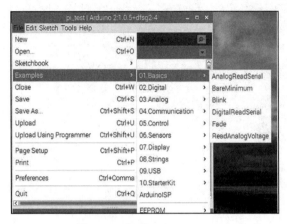

图 13-5　加载 Blink sketch

确保连接正确后，转到 pi_test sketch，然后将其上传至 Arduino。

在 sketch 被编译成功且上传成功后，在一个新的终端窗口，新建一个 Python
程序并输入以下内容：

```
>>> import serial
>>> ser = serial.Serial('/dev/ttyUSB0', 9600)
```

这时，你已经引入了 serial 库，并通过 USB0 以 9600 端口展开了一个对话，
而这正是我们之前写好的 Arduino 代码中的设置。如果你不得不在连接协议中使用
不同的端口，请再次使用同样的端口。如果在连接中使用 /der/ttyACM0 端口，你
需要将第二行读操作的代码改写为：

```
>>> ser = serial.Serial('/dev/ttyACM0', 9600)
```

现在，我们便可以读取串口设备——Arduino——进行我们之前设置的每秒进
行一次数据交互的操作了。在 Python 文件中输入：

```
>>> while True:
...         ser.readline()
```

按下两次 Enter 键以退出 while 循环，之后终端会立即填充好余下的文字，如
图 13-6 所示。当你厌倦了观看每隔一秒输出一行“Hello, Raspberry Pi\r\n”
之后，通过按下 Ctrl+C 退出 while 循环。

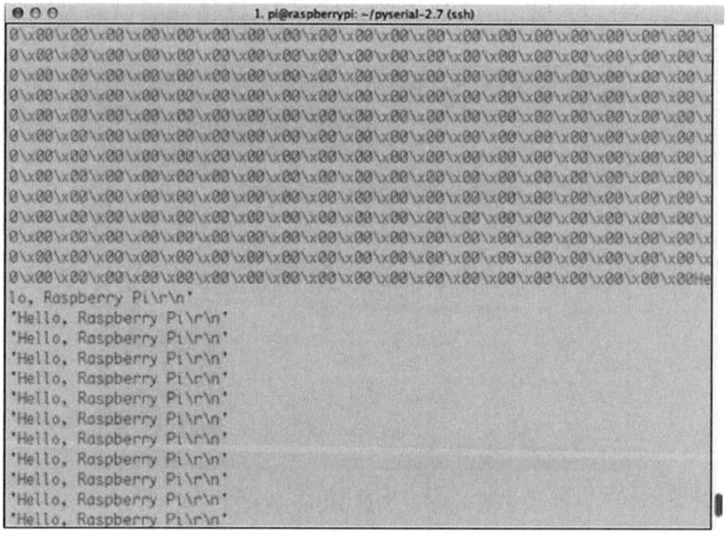

图 13-6　从 Arduino 的串口读出的信息

现在，我们创建了一个可以通过串口连接从 Arduino 读取信息的程序。让我们再编写一个程序。回到 Arduino 的 pi-test sketch 中，按照如下的内容改写 void loop() 循环：

```
void loop()
{
    if (Serial.available())
    {
        flash(Serial.read()-'0');
    }
}
```

这段代码告诉 Arduino：如果可以从串口连接中进行读取操作的话，将其接收到的第一个整数（通过减'0'进行获取）作为调用 flash() 函数的参数，flash() 函数如下所示。在 loop() 循环之后，在 sketch 中输入以下代码：

```
void flash(int n)
{
    for (int i = 0; i < n; i++)
    {
        digitalWrite(ledPin, HIGH);
        delay(100);
```

```
        digitalWrite(ledPin, LOW);
        delay(100);
    }
}
```

这个函数会将 Arduino 板载的 LED（硬件连接至 #13 引脚）连续点亮 n 次，而 n 则是我们传递的参数。可以看到，这同 GPIO 的 OUTPUT 功能十分类似。首先，你需要定义一个引脚作为输出，通过写入 HIGH 或者 LOW（高低电平）控制开或关。之后我们再次保存该 sketch 并将其上传至 Arduino 开发板。完成后，回到你的终端，在刚才打开的 Python 会话中输入：

```
>>> ser.write('4')
```

这样你便会看到 Arduino 板载 LED 灯闪烁 4 次。试试其他的数字，但一定要保证是数字。但要记住一点，Arduino 程序设定的是只能读取第一个一位整数。因此如果你输入：

```
>>> ser.write('10')
```

它只会闪烁 1 次，而不是 10 次。

至此，恭喜你！你现在已经可以通过树莓派对 Arduino 进行读写操作了！

13.3　运行舵机

不得不承认，通过指令控制 LED 灯并不是你在 Arduino 和树莓派这一对组合中做出的最令人印象深刻的操作。我的最终目的是教会你如何在两台设备间进行通讯，并将可能的使用和应用过程留给你去完成，但现在让我们一起探究一下 Arduino 控制舵机的方法。

实际上，我们只需要将 LED 的代码稍做修改，使其接口对象改为舵机而不是 LED 灯。清空 pi_test sketch 的内容，并将其替换为以下内容：

```
#include <Servo.h>
Servo myservo;

void setup()
{
    myservo.attach(9);
```

```
    Serial.begin(9600);
}

void loop()
{
    if (Serial.available())
    {
        drive(Serial.read()-'0');
    }
    delay (1000);
}

void drive (int n)
{
    if (n < 5)
    {
        myservo.write(50);
    }
    else
    {
        myservo.write(250);
    }
}
```

这部分代码会将你在 Python 程序中输入的整数转换为一个速度或者基于该值的速度，并将它作为舵机的运行速度。为了检测该程序，将舵机的电源引脚与 Arduino 的 5V 输出引脚相连，地线与 Arduino 的 GND 引脚相连，而信号引脚与 Arduino 的 #9 引脚相连。保存代码，并将其上传至开发板，并且（再一次进入 Python 环境时）尝试从 0 至 9 输入各种不同的值，并观察舵机的反馈：

```
>>> ser.write('5')
```

这部分代码非常简单，但即便如此，希望你也可以完全理解我想要传达的概念。通过树莓派的串口同 Arduino 进行通信，这和它同包括 GPS 单元，或者其他小型独立芯片进行通信没有太大区别。然而 Arduino 同其他芯片相比，不仅更加智能，而且其可扩展性非常强，基本可允许添加同树莓派一样多的外部设备。

13.4 总结

尽管本章只是对于如何将树莓派与 Arduino 交互进行简短的介绍，但我希望你现在意识到树莓派与其他类似于 Arduino 的开发板，尤其是通过串口进行通讯的过程，与其同其他任何设备进行交互的过程并无过多区别，都是很简单的操作。当然主要的不同在于你可以通过 IDE 对 Arduino 进行编程，并根据树莓派提供的信息进行操作，同样，Arduino 也可同传感器进行连接，组成一个传感器网络枢纽，并将信息提供给树莓派。这意味着树莓派可将一些运算任务分配给 Arduino，分配出许多计算量大的任务。

总之，Arduino 同树莓派之间不是相互竞争的关系，而是相辅相成的关系。每一方都以不同的方式完成各自的任务，并且在项目中将二者结合可大大提高一些运算的效率。花些时间了解一下这些操作吧——你会因此而受益。

嵌入式计算系统设计原理（原书第4版）

作者：Marilyn Wolf 译者：宫晓利 等 ISBN：978-7-111-60148-7 定价：99.00元

本书自第1版出版至今，记录了近20年来嵌入式领域的技术变革，成为众多工程师和学生的必备参考书。全书从组件技术的视角出发，以嵌入式系统的设计方法和过程为主线，涵盖全部核心知识点，并辅以大量有针对性的示例分析，同时贯穿着对安全、性能、能耗和可靠性等关键问题的讨论，构建起一个完整且清晰的知识体系。

计算机工程的物理基础

作者：Marilyn Wolf 译者：林水生 等 ISBN：978-7-111-59074-3 定价：59.00元

本书打破了传统计算机科学和电子工程之间的壁垒，为计算机专业学生补充电路知识，同时有助于电子专业学生了解计算原理。书中关注计算机体系结构设计面临的重要挑战——性能、功耗和可靠性，这一关注点从集成电路、逻辑门和时序机贯穿到处理器和系统，揭示了其与物理实现之间的密切联系。